汉语国际推广中华饮食文化培训基地资助出版

土家族饮食文化研究

Research on the Tujia Food Culture

谭志国 著

华中科技大学出版社
http://www.hustp.com
中国·武汉

图书在版编目（CIP）数据

土家族饮食文化研究/谭志国著. —武汉：华中科技大学出版社，2020.10
ISBN 978-7-5680-1046-7

Ⅰ.① 土… Ⅱ.① 谭… Ⅲ.① 土家族—饮食—文化—研究—中国
Ⅳ.① TS971.202.73

中国版本图书馆 CIP 数据核字（2020）第 222366 号

土家族饮食文化研究   谭志国　著
Tujiazu Yinshi Wenhua Yanjiu

策划编辑：张馨芳
责任编辑：唐梦琦
封面设计：孙雅丽
责任校对：李　弋
责任监印：周治超
出版发行：华中科技大学出版社（中国·武汉）　　电话：（027）81321913
　　　　　武汉市东湖新技术开发区华工科技园　　邮编：430223
录　　排：华中科技大学出版社美编室
印　　刷：武汉市金港彩印有限公司
开　　本：710mm×1000mm　1/16
印　　张：12　插页：2
字　　数：198 千字
版　　次：2020 年 10 月第 1 版第 1 次印刷
定　　价：68.00 元

目　　录

第一章　绪论 ……………………………………………………（1）

　第一节　土家族概况 …………………………………………（1）

　第二节　土家族饮食文化概况 ………………………………（6）

　第三节　土家族饮食文化的植根土壤 ………………………（10）

　第四节　盐巴——巴地盐业资源与土家族饮食文化 ………（14）

第二章　土家族饮食文化发展史 ……………………………（19）

　第一节　史前及夏商周时期的土家族地区饮食生活 ………（19）

　第二节　秦汉至唐宋时期土家族地区饮食生活 ……………（24）

　第三节　元明清时期土家族地区饮食生活 …………………（27）

　第四节　《容美纪游》中的土家族地区饮食生活 …………（40）

第三章　土家族食文化 ………………………………………（48）

　第一节　特色食材 ……………………………………………（48）

　第二节　主食类食物 …………………………………………（60）

　第三节　特色菜肴 ……………………………………………（65）

　第四节　土家族地区食俗 ……………………………………（69）

　第五节　土家族地区马铃薯主粮化战略实施现状 …………（77）

第四章　土家族茶文化 ………………………………………（85）

　第一节　历史名茶 ……………………………………………（86）

　第二节　土家茶俗 ……………………………………………（92）

第五章 土家族酒宴文化 ································· (100)
 第一节 土家名酒 ································· (101)
 第二节 土家酒俗 ································· (104)
 第三节 土家宴席文化 ································· (111)
 第四节 场域理论下的土家族酒宴文化 ················ (115)

第六章 土家族饮食体系构建及文化变迁 ·············· (121)
 第一节 土家族科学饮食体系构建 ················· (121)
 第二节 土家族饮食文化的变迁 ··············· (127)
 第三节 旅游资源视角下的土家族饮食文化开发的思考 ········ (131)

第七章 非遗视角下的土家族饮食文化 ·············· (141)
 第一节 土家族主要地区非物质文化遗产保护概况 ····· (141)
 第二节 土家族地区主要饮食非物质文化遗产简介 ······· (145)
 第三节 土家族饮食非物质文化遗产现状 ········· (154)
 第四节 土家族饮食非物质文化遗产的传承和发展路径 ········ (160)

第八章 文化人类学视野下的土家族饮食文化研究 ·········· (167)
 第一节 用文化人类学研究土家族饮食文化的可行性 ········ (167)
 第二节 功能主义视角下的土家族饮食文化 ··············· (173)

主要参考文献 ································· (186)

后记 ································· (188)

第一章　绪　　论

我国幅员辽阔，东西南北地理气候条件迥异，56 个民族文化色彩斑斓，极富吸引力。随着旅游经济的发展，民族传统文化得以弘扬。深入发掘民族传统文化，对于推动民族地区经济持续快速发展尤为重要。少数民族饮食文化是民族传统文化中极富特色的一部分，如土家族的"过赶年"、新疆各游牧民族的"白煮羊肉"、赫哲族的"鱼生"、西南地区少数民族的"昆虫宴"等，给人留下了深刻的印象。独具特色的饮食生活是民族传统文化直接、生动的体现。关于少数民族饮食文化的研究和开发，对振兴少数民族经济、实现跨越式发展大有裨益。

土家族是我国中南地区人口众多的一个少数民族，所居之地多高山峻岭，古有"地无三分平，人无三分银"的俗语，整体经济水平较为落后。自古以来，"蛮不出境，汉不入峒"，封建王朝对土家族地区施行封闭政策，清康熙年间顾彩《容美纪游》曾说："然此地在汉、晋、唐皆为武陵蛮。武陵地广袤数千里，山环水复，中多迷津，桃花处处有之，或即渔郎误入之所，未可知也。"土家族人民长期与外界缺乏文化交流。"改土归流"以后，政策逐步放宽，土家族与外界的文化交流日益频繁。改革开放之后，土家族文化逐步受到大众的关注。土家族地区风景秀丽，文化遗址颇多，特别是龙山、保靖、鹤峰、咸丰等地，少数民族传统文化保存得比较完整，极具旅游开发价值。近些年来，土家族地区旅游事业呈现出一派生机勃勃的景象。土家族饮食文化在旅游业中的作用也逐步被人们所认可和重视。

第一节　土家族概况

土家族，1956 年 10 月通过民族识别确定为单一民族。根据 2010 年第六次全国人口普查统计，土家族人口数为 8353912 人，主要分布在湖南湘西土家族苗族自治州的龙山、永顺、保靖、古丈、凤凰、泸溪、吉首,张家界的桑植、永定、武陵源、慈利四县区,以及石门、溆浦等县;湖北恩施土家族苗族自治州的来凤、鹤峰、咸丰、宣恩、恩施、利川、建始、巴东八县市,以及五峰、长阳两个土家族自治县;重庆市的秀山、酉阳、石柱、黔江区、彭水五区县;贵州铜仁市的印江、沿河、江口、思南、德江、铜仁等区县。

一、自然地理环境

土家族世居湘、鄂、渝、黔比邻区域,以武陵东脉和清江流域为中心,西抵贵州梵净山和乌江,东接夷陵和江汉,北界巫山长江,南控兰澧芷沅,方圆约 10 万平方公里。这里属山区丘陵地带,海拔多在 1000～1500 米之间,境内山峦重叠,山势险峻,沟壑纵横,溪河密布。武陵山脉横贯其间,三峡巫山绵延北部。河流主要有酉水、澧水、清江、乌江。整个地区的地势自云贵高原向东倾斜延伸。这里属于典型的亚热带气候,气候温和,雨量充沛,森林茂密,山地辽阔,年平均气温为 13.5～17.5 摄氏度,平均降雨量在 1200～1500 毫米之间,适宜于大多数农作物和果木的生长,具有发展农林牧副渔业的良好条件。这一地区主要农作物有稻谷、玉米、小米、高粱、黄豆、绿豆、番薯、大麦、小麦、豌豆、马铃薯等,经济作物有甜菜、芝麻、烟叶、生漆、乌桕、五倍子、棉花、油桐、油茶、茶叶等,其中桐油、茶叶、烟叶是这一地区的重要经济来源,在土家人的生活中占重要地位,"四川秀油""湘西金色桐油"闻名全国。林木中的松、杉、楠、柏十分丰富,桑植县保留着稀有的孑遗植物珙桐群落,利川市的水杉之王为世界所罕见。土家族地区的药材十分丰富,著名的有杜仲、天麻、木瓜、黄檗、茯苓、黄连、当归、木香等;特产有柑橘、板栗、李子、猕猴桃等;矿藏有汞、铅、锌、铜、镍、钼、钡、磷、煤、锰、铁等,另外如湘鄂西的娃娃鱼、梵净山的金丝猴、壶瓶山的白猴等均具有较高的科研和观赏价值。

二、土家族简史

土家族自称"毕兹卡"或"毕基卡",称与其相邻的苗族为"白卡",汉族为"帕卡"。"土家"是汉族进入后逐步形成的与"客家"相对应的称谓。土家族有属于自己的语言，但没有文字。现绝大多数土家人使用汉语，沿西水流域约 20 万人仍使用土家语，有的也兼通汉语。土家语属汉藏语系藏缅语族中的一种独立语言。在汉文史籍中，不同的历史时期用不同的称谓记载土家族的历史族称。先秦时，土家族先民有多种称谓见于史书，因擅长使用武器"板楯"被称为"板楯蛮"，因称赋税为"賨"被称为"賨人"。又因居住地域不同，泛称为冠以地区名的"蛮夷"，春秋战国至秦，被统称为"西南夷"；两汉至晋为"武陵蛮""五溪蛮""酉阳蛮"；隋唐至宋称为"辰州蛮""南北江诸蛮"；明清时期被称为"土人""土民"；清末至民国时期，被称为"土家"。1933 年，凌纯声、芮逸夫在《湘西苗族调查报告》中提道："永顺、保靖、古丈、龙山等县有土人……永、保等县的土人语言属于泰掸语系而藏缅语化，或为古代僚族的遗民。均非苗族。"1939 年，谭其骧在《史学年报》第二卷第五期发表《近代湖南人中之蛮族血统》一文，对湘西地区土家族大姓如向、彭、覃、张、田等，做出细致考证，认为这些大姓"为土著而非客籍，而此土著，实为蛮族之已经归化者，亦非先时从他方移来之汉族也"。中华人民共和国成立后，为识别和确定土家族的民族成分，20 世纪 50 年代出现了一批关于土家族的专论和调查报告，如潘光旦《湘西北的"土家"与古代的巴人》，首先提出了土家族源于古代巴人之说。进入 20 世纪 80 年代后，民族研究空前活跃，对土家族研究也日趋全面和深化，对土家族的来历出现诸种说法，经过民族研究工作者多年的研究和学术交流，主要有巴人说、氐羌说、土著先民说、江西迁来说、乌蛮说、濮人说、蛮蜒说、东夷说、毕方和兹方说、僰人说、多元说等。随着研究的不断深入和考古的新发现，土家族族源"巴人说"成为主流。

在先秦史籍中，有不少关于巴的记载，可知至少在殷末周初，巴作为一个部族或早期国家，已经在古老的政治舞台上活动。《山海经·海内经》中有"西南有巴国。太皞生咸鸟，咸鸟生乘厘，乘厘生后照，后照是始为巴人"的记载。《华阳国志·巴志》记载："周武王伐纣，实得巴、蜀之师……巴师勇锐，歌舞以凌殷人，前徒倒戈，故世称之曰'武王伐纣，前歌后舞'也。武王既克殷，以其宗姬封于巴，爵之以子。"以上材料说明，在殷商末期，巴人已经作为一支重要的力量走上了中原逐鹿的舞台。西汉刘向在其《世本》中，记载了巴人起源的历史传说，南朝宋范晔《后汉书·南蛮西南夷列传》转引了《世本》的记载："巴郡南郡蛮，本有五姓：巴氏，曋氏，樊氏，相氏，郑氏，皆出于武落钟离山。其山有赤黑二穴，巴氏之子生于赤穴，四姓之子生于黑穴。未有君长，俱事鬼神，乃共掷剑于石穴，约能中者，奉以为君。巴氏子务相独中之，众皆叹。又令各乘土船，约能浮者，当以为君。余姓悉沉，唯务相独浮，因共立之，是为廪君。乃乘土船，从夷水至盐阳。盐水有神女，谓廪君曰：'此地广大，鱼盐所出，愿留共居。'廪君不许。盐神暮辄来取宿，且即化为虫，与诸虫群飞，掩蔽日光，天地晦冥。积十余日，廪君伺其便，因射杀之，天乃开明。廪君于是君乎夷城，四姓皆臣之。廪君死，魂魄世为白虎，巴氏以虎饮人血，遂以人祠焉。"这则史料简明扼要地叙述了巴人从起源于今长阳武落钟离山到定都夷城（清江流域）的历史发展过程，反映了巴人社会的历史风貌。目前学者一般将其作为研究巴人起源、部落构成、巴人迁徙以及立国的重要依据。《水经注·夷水》也记载："廪君乘土舟下及夷城，夷城石岸险曲，其水亦曲。廪君望之而叹，山崖为崩。廪君登之，上有平石方二丈五尺，因立城其傍而居之。四姓臣之。"由此可推知，巴人正式创立了奴隶制巴国——夷城巴国。

巴人因参加武王伐纣有功，被封为巴子国。春秋战国时期，楚人、秦人联合巴人灭庸国。《华阳国志》记载："周之季世，巴国有乱，将军有蔓子请师于楚，许以三城，楚王救巴。巴国既宁，楚使请城。蔓子曰：'藉楚之灵，克弭祸难。诚许楚王城，将吾头往谢之，城不可得也！'乃自刎，以头授楚使。王叹曰：'使吾得臣若巴蔓子，用城何为！'乃以上卿礼葬其头；巴国葬其身，亦以上卿礼。"后楚国觊觎巴国丰富的盐业资源，不断发起战争，巴国版图不断缩减，所辖范围仅东抵夔峡（包括清江流域），北接汉中，南至黔中。公元前316年，巴、蜀又相互攻击，巴遂向秦惠王求援，秦借机派张仪、司马错率军先后灭巴、蜀，在巴地建立"巴郡"。《后汉书·南蛮西南夷列传》中记载："及秦惠王并巴中，以巴氏为蛮夷君长，世尚秦女，其民爵比不更，有罪得以爵除"，说明秦吞并巴国后采取了"以夷制夷"的方略，仍然以巴氏为君长。秦王通过赋税对巴地进行控制，巴人仍在这块土地上生活着，并且还有所发展。史书记载："在峡中巴梁间者，廪君之后也。"（《文献通考》）"巴中有大宗，廪君之后也。"（《蛮书》）所谓"廪君之后"，泛指巴人之裔。巴人在以后的历史发展中，逐渐演化成板楯蛮、武陵蛮、江夏蛮、五水蛮等，他们是魏晋南北朝时期较有影响的族群，其后裔大都融合于汉族，小部分融合于与之邻近的其他民族。定居于湘鄂渝黔毗邻地区的巴人，虽然经历了历代王朝的更迭和战争，但是他们基本上没有大的迁徙，一直比较稳定地生活于这一地区，繁衍生息，延绵不断，构成鄂西土家族的主体部分。

鄂西土家族地区在中华人民共和国成立前后，出土了一批古代巴国文物，最典型的是虎纽錞于、巴氏剑和巴氏矛钲等古代巴人使用的军乐器和武器。錞于是一种军乐器，巴人用的錞于以虎作纽（錞于上面的系挂叫纽），谓之虎纽錞于。因为这支巴人崇拜廪君，认为廪君死后化为白虎，所以在许多器具上均以虎为标记，以示崇拜。先后发现的虎纽錞于达20件，以及巴氏甬钟30件。香炉石、雌滩崖屋、千渔坪和南岸坪等清江中下游地区发现早期巴文化遗址，以及桅杆坪大溪文化时期墓地、深潭湾早期巴人墓地等地发掘的遗物对研究巴人起源的历史问题，起到了决定性的作用。巴地少量龙山文化时期的陶器残件显示巴人的最初出现很可能在原始社会末期的军事联盟时期，巴人首领廪君的生存年代至迟应在距今4000年以前。

从元代起，为加强对土家族地区的管理，开始建立土司制度，土司受中央王朝任命并实行封建世袭制，土司制度到明代日臻完善，清雍正时期才逐渐废除。土司是土家族地区的最高统治者，还拥有一定数量的武装，对土民有生杀予夺的权力。元至清初，中央政府在土家族地区先后设立了数十个土司，以永顺土司、保靖土司、桑植土司、容美土司、散毛土司、施南土司、忠建土司、酉阳土司、石柱土司以及思州、思南土司影响较大。

地方土司在辖区拥有极大的自主权，一旦壮大，土司之间攻伐不断，甚至犯上作乱。清雍正时期开始对土家族地区实施"改土归流"，在乾隆时期结束。"改土归流"后，中央政府对土家族地区实行与中原地区相同的政治体制，在湘西设立永顺府，辖永顺、保靖、龙山、桑植四县；渝东南设立酉阳直隶州（辖彭水、黔江、秀山）；黔东北设有思南府（辖印江、安化和婺川）和铜仁府。在府县以下，用保甲制代替原土家族的基层组织"旗"。

1957年9月20日，通过严谨的民族识别，报请国务院批准，原湘西苗族自治州改名为湘西土家族苗族自治州。1979 年至 1980 年，湖北省来凤土家族自治县和鹤峰土家族自治县先后批准设立。1983 年，秀山土家族苗族自治县和酉阳土家族苗族自治县先后成立。1983 年 8 月 19 日，国务院批准撤销恩施地区行政公署，12 月 1 日鄂西土家族苗族自治州召开成立大会，全州辖恩施市和巴东、建始、利川、来凤、咸丰、宣恩、鹤峰 7 县，共 8 个县市。1986 年 11 月 14 日利川撤县建市。1993 年 4 月，鄂西土家族苗族自治州更名为恩施土家族苗族自治州，成为目前最为年轻的民族自治州。1984 年，长阳土家族自治县、五峰土家族自治县、彭水苗族土家族自治县、黔江土家族苗族自治县、石柱土家族自治县依次成立。1987 年 11 月 20 日和 23 日印江土家族苗族自治县和沿河土家族自治县先后成立。

第二节　土家族饮食文化概况

　　饮食文化，是一个出现频率甚高且内涵极为丰富的名词，目前还没有形成完全统一的概念。《中华膳海》定义为：饮食文化指饮食、烹饪及食品加工技艺、饮食营养保健以及以饮食为基础的文化艺术、思想观念与哲学体系之总和。并且根据历史地理、经济结构、食物资源、宗教意识、文化传统、风俗习惯等各种因素的影响，将世界饮食文化主要分成三个自成体系的风味类群，即东方饮食文化、西方饮食文化和清真饮食文化。赵荣光在《饮食文化概论》中表述为：饮食文化是指食物原料的开发利用、食品制作和饮食消费过程中的科技、科学、艺术，以及以饮食为基础的习俗、传统、思想和哲学，即由人们食生产和食生活方式、过程、功能等结构组合而成的全部食事的总和。表述方式虽有不同，但从根本上来说，饮食文化包括饮食生产和建立在饮食生产之上的文化诸事项。土家族饮食文化主要是指土家族人民在长期的饮食生活中创制的各色主食、肴馔、小吃、茶酒饮品，以及由上述元素组成的宴席，同时还包括形成的饮食技艺、观念、风俗等内容。

一、土家族饮食文化研究现状

　　据文献检索表明，对土家族饮食文化进行系统、深入研究的成果并不多见。大多数著作论文仅把饮食文化当作土家族文化中的一部分做一般性的描述，对旅游事业蓬勃发展而带来的巨大文化变迁没有引起足够的关注，利用文化人类学等理论方法对土家族的饮食文化进行系统的研究也较为匮乏。当前对饮食文化的研究，从大的方向讲有两种趋势——一种是习惯中被称作"饮食文化研究"者，把饮食文化当作一种文化现象进行剖析；另一种习惯中被称作"烹饪技术研究"者，以食生产为研究对象。前一种研究是从文化的角度研究饮食的历史、习俗及与其他文化的联系。后一种研究一方面研究烹饪技艺的创新和新款菜肴的制作，另一方面研究营养卫生，为人们提供健康饮食。

中国古代的饮食文化受儒家文化的影响极大。在儒家"君子食无求饱，居无求安，敏于事而慎于言"，以及"君子远庖厨"等重"有为"、轻饮食思想的影响下，古代社会对饮食文化的研究，要么是御用文人向皇族达官们献媚邀功的产物，要么是失意文人的寄情抒怀抑或文人们闲情逸致的生活感悟。因此古代对饮食文化的研究难以受到大众的关注，没有科学理论的指导，研究也很不全面。

深入地研究中国饮食文化是近代的事情。中国饮食文化特别是饮食史的研究取得了很大的成就，在著名学者徐吉军和姚伟钧教授合著的《二十世纪中国饮食史研究概述》一文中列举了 20 世纪研究中国饮食史的论文和专著的数量达 189 篇（本）（绝大部分都是 20 世纪 80 年代以后发表的），这还不包括譬如《中国烹饪》这类饮食专刊上发表的数百篇专业论文。数量之多、内容之丰富，丝毫不逊于其他分类学科。有关饮食文化的著作更是不可胜数。与此相对应的是，从事食生产的工作人员的数量，也随着人们生活水平的提高和旅游事业的蒸蒸日上而迅猛增加。对于现代饮食文化研究者的培养，既需要扎实的理论研究功底，又需要很强的科学分析能力和动手能力，要求方法论，也须注重理论联系实际。在探索正确方法论的过程中，借鉴与之联系紧密且有类似学科特点的成熟学科理论非常重要，比如文化人类学的创立、发展都与饮食文化密切相关，是研究饮食文化的重要理论指导，饮食人类学在借鉴其他成熟学科的基础上应运而生。

近年来，饮食人类学的研究逐步深入，如香港中文大学人类学系系主任吴燕和教授、张展鸿副教授，美国著名人类学家马文·哈里斯，中国社科院研究员叶舒宪等著述颇丰。饮食文化作为重要的文化事项，被人类学家广泛关注。而民族饮食又是饮食文化中极具特色的部分，理应受到更多的关注。根据文献检索，目前尚无专著对土家族饮食文化及开发价值进行系统深入的研究。关于土家族饮食文化的论述多见于土家族文化研究书籍，如彭英明教授的《土家族文化通志新编》、段超教授的《土家族文化史》等。关于民族地区饮食文化与旅游资源开发的论文最近几年较多，如张建生的《饮食文化与旅游经济》，杨丽的《云南民族饮食文化与旅游餐饮业发展浅议》等。反映饮食文化的研究与开发在旅游业发展中的重要作用正逐步被人们所重视。土家族的旅游经济起步较晚，饮食文化的系统研究也刚刚起步，因而对土家族饮食文化进行研究和开发的文献资料并不多见。

二、土家族饮食文化特点

土家族饮食以稻谷为主食，同时辅以番薯、土豆、玉米、小麦制品等。蔬菜品种较多，但受季节影响非常大。以前受经济条件及科技水平的影响，春冬两季叶用蔬菜极为匮乏。现在由于大棚蔬菜的大量种植，一年四季瓜果蔬菜不断，饮食生活更加丰富多彩。但是地处偏远的土家族百姓仍然保持传统的饮食习惯，口味偏重，嗜酸辣，喜食腊肉，配菜装盘朴素实在，力求物尽其用。节日饮食隆重，富有特色。以诚待人，礼数周到。

（一）食源丰富，烹制手法粗犷朴实

土家族地区山高林密，动植物种类丰富，渔猎耕作历史悠久，为土家族人民提供了丰富的饮食资源。土家族饮食的粗犷首先表现在菜肴刀工成型上，"年肉，一块足有四两半斤重"；其次表现在烹调方法上，土家族人民聪慧、质朴，善于在艰苦的条件下合理充分地利用本地的食物资源，同时还习惯用多种不同的原料混合烹调，类似"大杂烩"。例如"桐树粑粑"是将玉米面发酵后，用桐树叶包裹蒸熟，剥叶而食，带有浓郁的桐叶味。传统的土家饮食如玉米、小米、番薯等被称为"粗粮"。野禽、野兽、野菜、野果等野味也经常被土家族人民利用。这些烹饪原料相对于精米白面，各种大宗的家禽、家畜来说就比较"粗""野"。然而这些食品同样能在灵巧的土家族人民手中烹调成美味佳肴，简约的烹调方式在保存食物营养方面有自身的优势。

（二）口味偏重，嗜酸辣

土家族地区菜肴的辣味，不是单一的辣，而是麻、辣、香兼备的复合

味，这正是巴人及其后裔土家人擅于将花椒、胡椒、辣椒混合使用的结果，也是巴地调味的特殊之处。山区劳作强度大，饮食资源受自然环境限制，腌腊食品较多，口味偏重。土家人除嗜辣，口味还偏好酸，这是山区水质硬、碱性大，吃酸菜则可中和的缘故。同时山区烟瘴弥漫，空气潮湿，酸性食物有助于祛湿暖胃。山地多以杂粮为主，多不易消化和吸收，发酵或加入酸味调料，有助于食物分解，所以土家族地区的许多菜都具有酸辣的味型特征。

（三）历史底蕴深厚，战争印记明显

古巴国的历史，基本上是由战争构成的历史，这种生活方式自然对他们的饮食生活带来影响。在今日土家族饮食生活中，仍然遗留着战争的痕迹。例如，土家族有"过赶年"的习俗，即提前一天过年，这是因为古代巴人为了抗击外侮，提前过年设伏迎防。"过赶年"要吃大块的"年肉"和切细合煮而食的"年合菜"。据说"年肉"切大块是为了打仗便于携带，"年合菜"是因战情紧急，合煮而食，以便紧急行军。现在土家族食用的"合菜"是"年合菜"的改进品种，就是将粉条、豆腐、白菜、香菇、猪肉、下水等多种原料混合炖制而成，味鲜辣而杂，往往一炖就是一大锅。过年的酒宴上也富有"烽火硝烟"的味道，如糍粑上插满梅枝与松针，上挂纱布，表示征战的"帐篷"。坐席时大门一方不设位，这是为了"观察敌情"。土家族"咂酒"的历史传说也与战争有关。明代土家族士兵赴东南沿海抗倭，为让壮士们临走喝上一口饯行的家乡酒，同时也不误战期，村长遂将酒坛置于道口，插上竹筒管，每过一个士兵就咂上一口。后来这种饮酒法成为土家人招待贵客饮酒的一种方式。具有战争印记的饮食民俗，内涵丰富，表现力强，比较适合开发为旅游表演项目。

（四）医食同源，健康营养

土家族注重食疗，这与土家族所处地理环境不无关系。《吴船录》载："至峡路……山水皆有瘴，而水气尤毒，人喜生瘿，妇人尤多。自此至秭归皆然。"《华阳国志·巴志》载："郡治江州，时有温风，遥县客吏多有疾病。"可见川东鄂西历来阴冷潮湿、瘴气弥漫、疾病流行，这给土家族地区人民生活带来了严重威胁，因此土家族祖先古代巴人所开发的药用物产，多有祛湿、散寒、驱虫等功效，并且都有味道辛香的特点，这些用来

治病的药物同时又可用来作为调味品,《华阳国志·巴志》中记载的巴地名产,其中有许多是兼作为调料的天然药物。例如,胡椒,巴人和盐、蜜渍以为酱,味辛香,能下气、消谷;魔芋,能消肿、攻毒;巴戟天,能壮筋骨、祛风湿;天椒,即花椒,能温中、祛寒、驱虫;姜为"御湿之菜也",它的散寒功能,对于多雾、潮湿的巴蜀地区尤为重要。巴人还擅长以茶疗疾,陆羽《茶经》载:"茶之为用,味至寒,为饮最宜。精行俭德之人,若热渴、凝闷、脑疼、目涩、四肢烦、百节不舒,聊四五啜,与醍醐、甘露抗衡也","《孺子方》:疗小儿无故惊厥,以苦茶、葱须煮服之"。《舆地纪胜》载:大宁监(今巫溪)"多瘴,土人以茱萸煎茶饮之,可以辟岚气"。可见土家族先民在食疗方面积累了丰富经验。

第三节　土家族饮食文化的植根土壤

丰富多彩的土家族饮食文化的形成,与因其独特的地理生态而长期形成的人文生态密切关联。

一、土家族饮食文化形成的地理生态

(一)地理位置

土家族生活在湘鄂渝黔交界地区,这个地区在地理位置上有如下特点。

1. 处于全国的中心地带

土家族地区处于全国中心位置,其北部是河南、陕西、内蒙古,南部是湖南、广西、广东,东部是安徽、江西、福建、浙江,西部是四川、甘肃、西藏。相对于其他众多少数民族而言,土家族是唯一一个人口近千万而又不跨国界的少数民族。

2. 土家族地区是古代中原与南部及西南地区交流的重要通道

史载:土家族地区"外蔽夔峡,内绕溪山,道至险阻,蛮獠错杂,自巴蜀而瞰荆楚者,恒以此为出奇之道"①。

---

① 《读史方舆纪要》卷八十二《湖广八》。

3. 长江横贯土家族北部地区，支流遍布其地

长江是古代中国交通大动脉，同时又是我国古代文化交流的大通道，华西、华中、华东三区域文化通过长江相互流通，长江沿线各族各地区通过它不断进行着文化交流。土家族地区不同地域之间也通过长江的诸多支流进行着非同寻常的文化交流。譬如乌江、清江直接注入长江，酉水、武水通过沅江汇入长江。土家族地区通过长江及其支流使自己同其他地区得以沟通，并进行经济文化交流，这种态势对土家族文化的发展有重要影响。

此种地理特征使得土家族饮食文化受到中原汉族强势饮食文化的影响，同时又能不断汲取其他少数民族饮食文化的精髓。

(二) 气候条件

气候对文化有不可忽视的影响。气候状况对民族性格、审美情趣、文艺风格、饮食习俗等都有一定影响。

在远古时期，土家族地区森林、草地和竹丛密布，水源充沛，气候与今天大体相同。近现代气候变化不大，总体上属于亚热带季风性湿润气候，水热同期，夏无酷暑，冬无严寒，雨量丰沛，四季温和。年平均气温在 13.5～17.5 摄氏度，年降水量在 1200～1500 毫米，无霜期为 190～280天。雾多湿重，风速小；日照充分，每年平均日照时长 1200～1500 小时。但由于属山地，高山和平地间气候垂直差异明显——山下是亚热带气候，山腰是温带气候，山顶是亚寒带气候，不同的海拔地带气候情况不一。道光嘉庆《恩施县志》载："地处万山中，每岁霖雨数月，春多温，四月后蒸湿亦甚。冬雪易消，冰不甚坚。外客至不善调养则头痛。高山密箐，风气特紧。五月不异寒冬，晨起大雾，是日必大晴，四季皆然。其气多阴，又多暖。土多泥沙，春夏多雨。"

土家族地区的气候状况对其饮食文化的影响主要表现在物种及农作制度上。不同地区耕作制度不一：高山地区，一年一季，开春晚，八月同隆冬，十月以后，人们在家闭门烤火；二高山两年三季，三月开春，人们从事生产，十一月后进入冬季；平坝地区则不同，一年两熟，条件好的一年三熟。对此，古人称此地处崇山峻岭之中，气候与其他地方迥异，"东边日出西边雨"的景象经常出现。《永顺府志》对本地区的耕作制度也有描

述："山农耕种杂粮，于二三月间薙草伐木，纵火焚之，冒雨锄土撒种，熟时摘穗而归，弃其总蒿。种稻则五月插秧，八九月收获。山寒水冷，气候颇迟。"

（三）地形与地貌

土家族地区的地形与地貌具有山峦重叠、河流纵横、地貌多样等特点。土家族地区处在我国云贵高原的东部延伸地带，平均海拔在 1000 米左右，海拔在 800 米以上的地区占全境的 70%。武陵山地跨湘鄂黔，巫山穿插于恩施、建始北部和巴东中部，大娄山在渝东、黔江地区展开，其余大小山脉不可胜数。群山环绕阻隔了土家族地区与汉族地区的交流，同时也使土家族地区富有民族风情的饮食民俗得以保留。而且土家族地区的山地环境决定了土家族文化属于典型的山地农耕文化类型。这种山地农耕文化有两个特点。一是以旱粮作物为主。史载："高山峻岭上，种荞麦、豆、粟等杂种，阴雨过多，多崩塌。水田甚少，有所谓旱稻者，米性坚硬，不及水稻之滑腻，唯包谷最盛，播不择地，收不忌雨，但匝岁虫腐，不可久留。蕨遍山，掘根作面，可备荒。"[1] 二是在农业经济结构中，养殖业占一定比例。土家族山区中，草场较多，适宜畜牧业发展。

（四）植被和动物

据史书记载，土家族地区在汉代以前植被丰富，林木葱郁。"改土归流"后虽然土地开垦空前，但其动植物资源仍然十分丰富。从文献记载来看，主要有象、猿、虎、狼、鹿、马、牛、狗、狸、龟、蛇、熊、豪猪、野鸡、野猪、黄羊等。目前除了象、虎等大型猛兽绝迹外，其余大部分物种仍然存在。

二、土家族饮食文化形成的人文生态

土家族饮食文化是建立在土家族饮食生产的基础之上，包括制度文化和精神文化的综合文化体系。制度文化是人类处理个体与他人、个体与群体之关系的文化产物，是执行和实施某种制度中的文化现象，包括社会制度、婚姻制度、丧葬制度、家族制度、禁忌习惯等。在土家族发展过程

---

[1]　嘉庆《恩施县志》卷四《风俗》。

中，对饮食文化影响最深的就是土司文化、婚姻人生文化、丧葬禁忌文化等制度文化。

土司制度是中央王朝在土家族地区长期实行的一种政治制度，它比较严密完善，在承袭、纳贡、征调等政策方面有一系列的规定，特别是规定了土官子弟不入学者不准承袭，促进了土司教育的发展。统治阶级的提倡对整个民族地区文化水平的提升、对土家族地区饮食文化的发展都起到了积极的推动作用。土官阶层的奢侈、享乐也在一定程度上刺激了饮食行业的发展，丰富了饮食文化的内容。

婚礼的过程中充溢着许多跟饮食有关的内容，如礼物的馈赠，包括食物的赠送，一定要是双数；铺床的时候要在新人的被子里藏枣子、花生等干果，象征着早生贵子；婚宴上全鸡、全鱼象征和和美美、万事俱备，座次的安排也尽量地体现尊老爱幼的原则。在丧葬仪式中，土家族的"撒叶儿嗬"是非常具有特色的。"撒叶儿嗬"的舞蹈动作多来源于土家族人民的生产生活，奔放、造型夸张的撒尔嗬舞蹈动作，为我们再现了土家族先民辛勤劳作的场面，对我们了解过去的土家族人民的耕作习俗、生活惯制非常有帮助。

精神文化是人类的文化形态及其在观念形态上的具象化，包括人们的文化心理和社会意识诸形态。土家族地区民风淳朴，崇宗敬族，处处彰显出浓浓的原始宗教信仰。正如彭英明先生在《土家族文化通志新编》中所说："土家族的宗教信仰，是崇拜自然，万物有灵，敬奉祖先，信鬼尚巫。虽然也有外界的道教、佛教、天主教传入，但整个土家族信仰中，占主导地位的仍然是本民族的民间信仰。"

土家族居住地区内武陵山、大巴山、巫山等山脉纵横交错，多高山深谷，气候条件复杂多样。这既是土家族地区粮作艰难的缘由，同样又造就了此地丰富的物产。土家族人民既可深山狩猎，又可临渊捕鱼，漫山的野果、野菜，再加上精心耕种的菜地粮田，这些丰富的物产在心灵手巧的土家族主妇手中变成了无数的美味佳肴。土家族的节日饮食生活更加绚丽多彩。当然，朴素的土家人在自己享受美味时，总爱饮水思源，不忘给为后世创造甘甜生活的祖宗、先辈，以及时刻保护身家性命的神灵，献上丰盛可口的肴馔。因而，在土家族的节日习俗中蕴涵着丰富的民间信仰。

第四节　盐巴——巴地盐业资源与土家族饮食文化

如前所述，古代巴人的历史传说，最早的文献记载见于《山海经·海内经》，称之为"巴方"，殷代甲骨文亦有"巴方"之称，据考约在今汉水上游一带，巴人是土家族的祖先。盐被称为"百味之主"，是人类生活中必不可少的物质资料。在西南山区，盐往往又被称为"盐巴"，很多学者认为这是因为"盐"和"巴"存在着密切的关系。

一、古巴人活动区域蕴藏着极为丰富的盐业资源

据考古发现，四川盆地在距今约 1 亿年的白垩纪时期还属于古地中海的一部分，后因地壳变化，隆起的高山之间形成了一个巨大的湖泊。在高温干旱的气候之下，水分不断地被蒸发，先前的海底构成了一个含盐的岩石层，并在随后的地质时代被其他物质所覆盖。后来，盆地边缘的地层在喜马拉雅造山运动中开始隆起、褶皱、断裂，使先前形成的含盐层露出地表。因雨水的冲刷，岩石中的盐分不断溶解，形成了一个体量惊人的盐卤底层。造山运动使盆地西部不断抬高、倾斜，积蓄的水流不断向东流去，将盆地东部的巫山山脉从中间剖开，最终以长江的形态，经三峡入江汉平原，奔流入海。而过去掩埋、积蓄在山体内的盐卤在水的侵蚀下就沿着裂隙地带冒出了地面，形成了自然盐泉。据地质勘探发现，渝东、鄂西的峡江地带有 3 个富含盐层的背斜，岩盐储量达 300 亿吨以上。

位列 1998 年度"全国十大考古发现"的忠县"中坝遗址"，文化堆积层厚达 12.5 米，历经了新石器时代、夏、商、西周、春秋战国、秦、汉、南朝、唐、宋、元、明、清，完整地展现了五千年中华文明史，被称为"通史"式遗址。北京大学和美国加州大学专家通过对大量的圜底罐、尖底杯陶器和水槽类遗迹残留物的提取和化验，证明中坝遗址就是早期盐业生产遗址。据《华阳国志·巴志》记载，巴人向周王朝的纳贡品中就有"盐"，足见巴盐量大质好。东西汉时期，国家规定凡盐业资源丰富的郡县，都要置盐官收缴盐税，今云阳、忠县、巫山一带都设置了专职官员，足见川东产盐的历史悠久。仅巫溪宝源山泉盐产量，据《中国历代食货典·盐法》中载，北宋熙宁（1068—1077 年）中，就岁产盐 400 万斤。又

据《大宁县志》载，雍正八年（1730 年）产量 3512 万斤。

史料记载，古巴人活动区域，境内大小盐泉不可胜数，盐业资源极为丰富。远古时代渝东、鄂西一带就已存在的天然优质盐泉有 3 处——巫溪宝源山盐泉（大宁盐场）、彭水郁山镇伏牛山盐泉和湖北长阳县清江盐泉，资源之集中、开采时间之长，世所罕见。宝源山是文献记载中国最早的盐泉，距今已有 5000 年历史，仍流淌不息。这个如今人烟稀少的贫穷地方，曾经有极为富庶和繁盛的过往，整个盐场绵延数里，场上人流不息，河上百舸争流，形成了"万灶盐烟"的奇观。宁厂镇最繁盛时，是一个拥有 14000 余人口的市镇，商旅云集，大约有 10 万人以盐业为生。整个汉中盆地、两湖盆地、四川盆地、鄂西地区等的食盐，都仰仗大宁盐场供应。

大宁河（巫溪河）是三峡北岸最大的一条支流，穿越大巴山的过程中又汇入多条溪流，形成了天然的运盐通道。大宁河上从巫山龙门峡口到巫溪宁厂镇沿途峭壁上有数千个古栈道孔，巴人把本地出产的粗大楠竹去除里面的竹节，一根根地串联起来，成为一条可以无限延伸的管道。巴人把这些管道放置在专门开凿的栈道上，将巫溪的盐水输送到下游的巫山。在那里，盐水被熬制成盐巴，然后顺长江而下，抵达楚国的腹地江汉平原。除此之外，盐的贩运者（当地人称为"背脚子"）从巫盐时代就开始在险恶的大巴山上修筑了一段用大石砌成、平稳宽舒的"巴盐古道"，直通中原地区、楚国等地。西沱古镇，是"巴盐古道"中巴鄂古道的起点，云梯街上还保存着明清遗留下来的层层叠叠的各类商号和土家民居吊脚楼。113 个平台、1124 步青石梯，见证着盐运的兴衰历程。

二、盐业资源孕育了土家族文化

（一）盐与土家人的生命源起

盐被誉为文明之源，对盐的嗜爱是人类等所有高等动物的生理本能。著名巴史专家任乃强教授在《说盐》中阐述了这样的观点：产盐地区，或食盐供应方便的地区，是早期人类聚集的地区，也是人类文化起源的地区；食盐是最早推动商业发展的商品。华中科技大学已故张良皋教授也认为人的大脑发育和进化所需要的 54 种微量元素中有 14 种须从盐分（盐卤）里获得，这是人种起源先决条件对地理条件的要求所决定的，其著作

《巴史别观》中提出"华夏文明的第一缕曙光，从湖广盆地西岸升起"，这些论断有考古发现佐证。早在 1957 年，在著名古人类学家贾兰坡的主持、发掘下，清江流域的长阳地区就发现了距今近 20 万年的早期智人——"长阳人"化石。长阳地区的伴峡发现了距今 13 万年左右的旧石器及人类用火遗迹，鲢鱼山发现了距今 12 万至 9 万年的人类用火遗迹。后来又发现了距今 200 万年的"建始人""巫山猿人"，湖北省郧县（今郧阳区）发现了距今 100 万年的"郧县猿人"化石。此处人类活动历史之悠久，超过被人们称为中国最早古人类的云南元谋人。此外，以巫溪盐泉为中心，先后在重庆市万县、奉节、巴东及湖北省郧西、长阳等地发现古人类遗址十余个，其分布与盐业资源富集地密切联系。

（二）丰富了土家族食谱

食盐不仅是最好的调味剂，同时由于其特殊的渗透功能，也是保存食物、形成独特风味的保鲜防腐剂。酸鱼是西南少数民族常见的腌食之一，也是土家族传统的待客珍肴。"鱼稻连作"是土家族等少数民族的一大创举，每年春日放进稻田的小鲤鱼苗，历经了"谷子落花养肥鱼"的最佳时节，8 月已长成可供食用的成鱼了。土家人将其从背脊剖开，洗净，均匀地抹上食盐，放在盛器中腌渍三五天，再拌以加工好的粗玉米粉当作糟料，然后一层糟料一层鱼，逐层铺放在以水隔绝空气的坛中，半月之后便可开坛食用。腌渍的时间越长，醇香味越浓。在大溪遗址的几座墓里发现了整条的鱼骨和龟骨，以鱼随葬的现象在中国新石器文化中并不多见。未经腌渍的鱼骨，很难长久完整地保存，说明当地用食盐处理鱼类的历史非常久远。

"鲊"是土家族饮食中较为特殊的一种烹饪方法。在剁细的红辣椒中掺入玉米面，然后加入蒜茸、姜粒、花椒及桂皮等香料，拌入比平常口味稍重的食盐——所谓"盐多不坏鲊"，盐量太少，不足以抑制有害微生物的生长。将拌制好的半成品放入坛中，按实压紧，用桐麻叶或塑料薄膜封口，倒扣在盐水盆中。一个月之后，香辣且略带酸味的鲊广椒就做成了。熏腊也是土家族人民保存新鲜食材的一种方法，同样也是一种特殊的地方风味。将年猪肉切成大块放入大盆中腌渍后，挂在灶头或火塘用松柏、桃李等树枝进行熏烤。黑烟中含有的酚、醛类物质有较强的消毒杀菌作用，大量的食盐和厨房中的相对高温也大大减少了肉块中自由水的含量，从而有效地抑制了微生物的生长，因而使肉块经年不腐。上等的土家腊肉脂肪呈琥珀色，瘦肉鲜红，熏香醇厚，口感滑爽，别有滋味。还有豆豉及酱类，用高含量的盐分控制食物的发酵程度，形成特殊的风味。

(三) 兴盛的盐业贸易促进了土家族的饮食生活发展

任乃强先生指出：巴人的一支沿长江西逃到川东，是因为"原来渔民需要食盐最多，而云梦地区不产盐，从来都仰给于巫山盐泉的盐，……故巴族与巫族从来就有商务联系。……巫族利用他们善于操舟行水，为其运盐到大江与其支流地区去兑换土特产。……因巴族为它行盐市易有功，故许其在鱼国（汉鱼复县，今奉节）之西建立国邑。……巴国由此发展起来，沿长江西进，扩张领土"。《华阳国志校补图注》："当虞夏之际，巫国（重庆巫溪县周边）以盐业兴。"舜帝专派他的儿子无淫管辖此地，意味着该地远古即因盐而富。到了奴隶社会时期的夏商时代，巴人祖先凭借盐泉这一优势资源建立了巫咸国，其中心在今天的巫溪县一带，大宁河是重要的行盐通道。远古的巴人就是中国最早的逐盐而居的部族，始祖廪君率族人逆夷水（清江）而上，夺取了由"盐水女神"控制的产盐地域。随后继续溯源清江到利川，然后沿大溪转进瞿塘峡出口，顺长江而下，来到今鄂渝交界处的巫山一带活动并建都"夷城"，控制了川东、鄂西一带的所有盐泉。

在海盐大规模兴起之前，鄂、豫、川、陕、云、贵等内地食盐，全赖川盐供应。道光严如熤《三省边防备览》的《道路考》卷中关于大宁盐道的描述为："东连房竹，北接汉兴，崇山巨壑，鸟道旁通……山中路路相通，飞鸟不到，人可渡越。"《大宁县志》又载："山内重岗叠嶂，官盐运行不至，山民之肩挑背负，赴厂（大宁）买盐者，冬春之间，日常数千人。"当地《背盐歌》这样唱道："背盐老二一碗米，公鸡一叫催人起；装上盐巴就起身，上坡下坎下着村；一个晏桶一打杵，千辛万苦来糊口；气喘吁吁汗如流，这样日子哪是头？"背盐的土家先民，背出食盐、桐油、香菇等土产，背进金属器具、日用杂货，换取微薄的报酬。他们将"土家"和"客家"紧紧地结合在一起，成为本土文化的创造者和异域文化的传播者。

盐业的发展促进了社会经济的发展，在上古物质极为缺乏、商品经济极不发达的情况下，食盐成为部落间交换、贸易的重要物品，占有食盐之利的地方，经济往往较为发达。巴地的川鄂交界的巫溪河流域，亦因大宁宝源山盐泉之发现，使这一山险水恶、农牧不便的地区，成为长江中上游的巴楚文化之核心，也使交通不便、几乎无地可耕的长江三峡地区产生了光耀夺目的彩陶文化。足见如果没有春秋战国时代巴人长期采盐制盐的历史，就没有汉及汉以后盐业的兴盛。巴人的盐文化，不仅仅为人类的生存提供了必要的条件，推动了中国盐业的发展，而且促进了巴与中原及其他地区经济文化的交流与融合，促进了民族之间的融合，对巴以后的时代产生了深远的影响。

三、盐巴钩沉

盐巴是鄂西及西南地区对食盐的称谓，这种称谓的来历与土家先民有着密切的联系，较为信服的说法有以下两种。

一说，著名学者张良皋在《巴史别观·以盐贯史》中称："巴盐产区是中华文化最古的宗源之地……秦楚都仰仗巴域的经济实力，包括存亡攸关的盐源。"盐是立国养民之根本，历史上许多著名战争都与盐的争夺有关，如炎黄阪泉之战、黄帝蚩尤涿鹿之战、廪君射杀盐湖女神之战等。可以说谁掌握了足够的盐这一战略物资，谁就有称霸的本钱。当时巴人垄断了人类的必需品食盐，因此把盐叫作"盐巴"。任乃强认为巴人以食盐经营而兴国，故将食盐称之为"盐巴"。

二说，巴人活动区域内的盐泉里面含有很多杂质，其中石膏的成分很多，巴人不懂得如何去除盐水里的杂质，因此在食盐结晶的时候，盐水中的石膏也一起结晶。另外，像这种大火熬煮的简单工艺，也会将陶器底部的盐熬糊，像锅巴一样。所以，最后出来的食盐就会与板结性很强的石膏紧紧地黏在一起。当地人把黏这种状态称之为"巴在一起"，所以巴人生产的盐就被西南地区的人们称为"盐巴"。

土家族饮食文化历史悠久，形式丰富多彩，民族特色鲜明，内涵丰富，是不可多得的传统文化宝藏。

第二章　土家族饮食文化发展史

古代巴人的活动区域被中央政权称为蛮荒之地，土地贫瘠，农业落后，对当地饮食风俗的描述也多为猎奇性质。总体而言，土家族大部分地区山高林密，不适合集约化农耕生产。在较长的历史时期内，土家人的农业经济以渔猎、采集为主，农耕生产为辅，这与当时土家族地区"土地瘠薄"所导致的"稼穑艰难，最为下下"可能有很大的关系。然而，从目前掌握的文献资料和考古发现来看，土家先民虽然在农业种植的产量方面不尽人意，但种植的作物种类之多、获取食物的来源之丰富，充分展示了土家族先民的高超智慧。

第一节　史前及夏商周时期的土家族地区饮食生活

河流是孕育文明的发源地，清江、酉水、澧水、乌江等流域是巴人的主要活动区域，是土家族的母亲河。大量具有土家文化烙印的文化遗址在这些区域被发掘，丰富的动植物遗骸和饮食器皿的发现，表明了土家族悠久的饮食文化历史。

一、史前茹毛饮血阶段

20世纪70年代末在建始县高坪镇发现了"建始直立人"遗址，一度轰动海内外。在遗址中发现的3枚牙齿化石属于人类的早期成员，专家断定其时代在距今215万至195万年之间。同时出土了哺乳类动物化石5000余枚，其中大哺乳动物30多个种属，小哺乳动物50多个种属，在堆积物中还发现了石器、石制品和骨器。这表明土家族地区是中华文明起源地之一，该地区人民对动物性食物原料的应用也是非常早的。《礼记·礼运》中记载："未有火化，食草木之食，鸟兽之肉，饮其血，茹其毛。未有麻丝，衣其羽皮。"这是土家先民史前自然饮食状态的真实写照。

二、早期巴人原始烹饪阶段

据目前考古资料显示，巴人的早期文化发展脉络可以通过几个典型文化遗址来揭示：城背溪文化、大溪文化和香炉石文化，主要包括川东的涪陵小田溪、鄂西的秭归朝天嘴、长阳的香炉石等遗址，遗物以石器、陶器为主。石器有石片、石锛、石凿、石斧等。陶器以夹砂灰褐陶为主，器形有圜底器、灯座形器、尖底器、三足器等。陶器的纹饰主要有绳纹、弦纹、方格纹、蓝纹、划纹、米粒状纹、太阳纹、贝纹、"S"形纹、云雷纹、泥饼纹、焦叶纹等。在上述关于巴文化的考古发现中，包含了不少与巴人生活习俗相关的内容。

（一）城背溪文化

城背溪文化遗址主要分布在鄂西山地和江汉平原的交接地带，多位于长江及其支流清江两侧的一、二级阶地上，属于新石器时代遗址，距今7000~8000年。

1. 陶器广泛使用，巴文化特色鲜明

出土的石制生产工具主要是石斧、锛、网坠、盘状器和石条等，制作工艺以打制为主，加工粗糙。陶烹被认为是真正烹饪的开始。在城背溪等文化遗址中，陶器的出土极为普遍。陶器主要有圜底罐、圜底釜、支座、盘、钵等。陶器以夹砂灰褐陶为主，纹饰比较简单，主要在器表上施绳纹。大溪文化出土的石制生产工具主要有斧、锛、凿、铲、刀、杵、砍砸器、刮削器、尖状圭形器、球、网坠、矛及石片等，出土的陶器主要有圈足盘、碗、豆、钵、曲腹杯、器盖等，陶器上施红陶衣或涂上深红色陶衣，纹饰除素面外，还有戳印纹、压印纹、凹弦纹、镂孔、刻画纹、彩陶纹等。其中，彩陶纹很有特点。彩陶纹主要见于筒形瓶、罐、杯、盘、钵、碗、壶、盆、器座等器皿上，其造型和色彩运用，具有巴地本土特色。

2. 水稻栽培起步很早，采集渔猎地位依然巩固

遗址陶片中夹大量稻壳和稻谷，陶片表面的细长黑点全部为稻壳与稻

谷。据湖南省考古所取样观察分析，城背溪遗址的稻谷壳比较细长，颗粒也比较大，与现代栽培稻外形很接近，水稻花粉与现代花粉也很接近，与河姆渡发现的花粉相同，城背溪文化其他遗址上发现的稻谷遗存应属于人工栽培稻。也就是说最早在 8000 多年前，巴人活动区域就已经出现了水稻栽培。秭归县柳林溪新石器早期文化遗存中的掺碳陶器包括掺入大量骨末、蚌壳末、草木灰、木炭和稻谷壳等物质的陶器，掺入骨末、蚌壳末和稻谷壳的陶器多为炊器，此类陶器主要器形有彩陶罐、瓮和鼎。稻谷壳的发现，印证了三峡地区早在新石器时代就有了种植水稻的历史。

　　城背溪文化还出土了一定数量的螺蛳、鳖，以及鱼、牛、鹿等动物骨骸，食源得到进一步丰富。城背溪文化的工具器类简单，器形不规范，没有可明确为农具的组合，这说明采集渔猎经济仍是当时居民的主要生活方式，而稻作农业仍处于刀耕火种阶段。

（二）大溪文化

　　大溪文化最早发现于重庆巫山，约为公元前 4400～前 3300 年。大溪文化时期，巴地稻作农业的中心已从城背溪文化的澧水流域和长江西陵峡内外开始东移到江汉平原的西南部和洞庭湖的北部。大平原上开阔的地势和肥沃的土壤，给大溪文化稻作农业的发展提供了优越的条件。稻作农业的初步发展还反映在所发现的稻谷遗存的丰富程度上。城背溪文化的稻谷遗存主要发现于陶片中，数量毕竟有限。大溪文化则不仅在陶片中，而且在文化堆积层中也有较多的发现。例如位于松滋县（现松滋市）南部的桂花树遗址，文化层中就有厚达数十厘米的碳化稻谷灰，用肉眼观察即可清晰地看出，其中有许多完整的水稻茎叶和谷壳，荆州博物馆至今保留着这样一块标本。

　　出土遗物中仍以陶器为大宗，石器、骨器、铜器也有一定数量的出土。陶器器类仍以釜为主，釜的器形发生变化，较前期变小。还发现有鬲、罐、瓮、钵、碗、盘、豆、杯、纺轮、网坠等。豆的形态特点各异，其中有碗形豆、细柄豆等。陶质有夹砂灰褐陶或黑陶，泥质陶中有灰陶、灰黑陶等。纹饰主要有方格纹、绳纹、锯齿纹、鱼鳞状网状暗纹、锥刺小三角纹等。石器器类主要有斧、锛、刀、镰、纺轮、砺石、凿、铲、环、坠饰等，石器数量与前期同类出土物呈明显下降趋势。铜器有锥、凿、削刀、镰等。骨器有锥、铲、凿、筷、镞、牙饰等。从这些出土遗物可以看出，清江中游地区的巴人文化在春秋时期以陶釜为特征的自成体且发展稳定的陶器群体中依然占据重要位置，釜的形体尽管发生了一些变化，但从陶器特点和器物特点看，一直保持着早期巴人土著文化特色。

这一时期出现部分楚文化的器物，如楚式鬲等，这一方面说明在春秋时期，楚文化开始影响到清江中游地区，另一方面也说明这一时期的巴人群体，在发展土著文化的同时，也在不断吸收外来文化，以充实自我，丰富本民族的文化内涵，巴楚文化开始了真正意义上的交流。关于陶釜这种早期巴文化中最具特征的代表性器物，邓辉先生在《土家族区域的考古文化》一书中认为："巴人文化的特点，其遗存中明显地存在着西边蜀文化的因素，也有中原商文化的内涵，而本地以釜为特征的文化则占有重要的位置。"

（三）香炉石文化

香炉石文化遗址位于长阳土家族自治县渔峡口镇东南清江北岸，被考古学家认为是典型的早期巴文化遗址，香炉石文化其时限为距今 4000～3000 年间。其遗址有 7 个自然堆积层，横跨从夏到东周的历史阶段，各个时期的文化特征十分明显，是在土家族地区文化遗存较完整的遗址之一。除第 1、2 层被扰乱外，余皆保存完好。经过测年研究，从第 7 层至第 3 层的年代分别是夏时期、早商时期、晚商时期、西周时期和东周时期。出土遗物的种类较多，有石器、骨器、陶器、铜器、甲骨、印章、贝币和动物骨骼等多种，第 3 层还出土有铁器。其中最具有时代特征和民族风格的文化遗物是各种陶器，第 7 层出土的陶器有罐、釜、瓮、钵、豆和纺轮等，第 6 层有釜、罐、盆、瓮、钵、豆、杯、盘、纺轮和网坠等多种，第 5 层有釜、罐、钵、豆、杯、纺轮和网坠等，第 4 层有釜、罐、瓮、罍、盆、钵、碗、盘、豆、杯、器盖、纺轮和网坠等多种，第 3 层有釜、鬲、罐、瓮、罍、盆、钵、碗、盘、豆、杯、纺轮和网坠等。各层出土的主要陶器中，尖底和圜足具有较为明显的巴文化特征，如陶钵、陶罐、陶釜、陶豆、陶尖底杯等都符合这些特征。香炉石文化已经被学术界正式确定为早期巴文化，这种考古文化与文献的记载也极为吻合，并且与当地口耳相传的口述史和神话高度一致。部分陶制器具有明显火烧的痕迹，表明用火熟食在史前时代已经普及。出土文物中有大骨匕一支，长达 26.6 厘米。考古学家王善才认为这在我国早商时期以前，一直上溯到七八千年前的新石器时代早期，在出土的千百件的骨质匕形勺中，当数最长最大的一件了，应是我国早期骨匕之最。

在旧石器时代，发现了不少古代猿人和多种动物化石，反映了旧石器时代的三峡森林茂密，是动植物理想的栖息之地。到了新石器时代，在与巴文化有关的遗存中，也发现了不少与生态环境有关的内容。《华阳国志·巴志》载："（巴地）土植五谷，牲具六畜。桑、蚕、麻、纻、鱼、盐、铜、铁、丹、漆、茶、蜜、灵龟、巨犀、山鸡、白雉、黄润、鲜粉，皆纳贡之。其果实之珍者：树有荔支、蔓有辛蒟……"这其中就有不少食物品种。忠县涂井沟遗址出土了马、鹿、猪、鱼的牙齿，以及蚌壳、鹿角和其他骨片等。秭归柳林溪遗址新石器文化层中也含有相当丰富的鱼骨、兽骨以及骨末。新石器时代的文化堆积层中，含有大量的鱼骨、兽骨，并出土了新石器时代的骨器——骨笄、箭镞。

在前述的考古发现中，出土了不少的鱼骨，鱼骨的种类有十几种之多。鱼、盐是不可分的，有鱼必有盐，在三峡出土的考古遗存中，不少鱼骨成堆地出现，必定运用了盐的加工技术，否则无法得到良好的保存，因此，盐业在渔猎经济时代就已发挥了重要作用。

三、早期兴盛阶段

春秋战国时期土家族地区的农业经济结构中增加了农耕生产的成分，但仍以渔猎、采集为主。巴国的物产中，动物类有灵龟、巨犀、山鸡等，《逸周书·王会解》中载巴人贡比翼鸟，这些可能都是巴人狩猎所得。《华阳国志·蜀志》载蜀王杜宇之时，"教民务农"，"巴亦化其教而力农务"，到此时土家族的先民巴人才开始进行农耕生产，所以《华阳国志·巴志》又载"土植五谷"。春秋战国时期，以农为主的楚人陆续进入土家族地区，他们的入境也给土家族地区带去农耕生产，使土家族地区的农耕生产得到一定程度的发展，土家族地区的农耕生产开始起步。所以有学者说巴人"经济生活仍以狩猎为主，农业仅占辅助地位"，是很有道理的。

渔猎在土家族先民的经济生活中非常重要，经考古研究证实，三峡地区的土家族先民捕鱼的方法有手抓鱼、锥刺鱼、叉鱼、钓鱼、网鱼、箕捞、用石砸鱼、涸泽而渔等，狩猎方法有追赶、箭射、弹打、群围火攻、下隐阱、下卡子和笼子等。为了捕获猎物，土家族先民还发明了相应的工具——石斧、箭镞、尖状器（秭归龚家大沟遗址）等。土家族先民对自然资源进行更进一步的合理利用，对野生动物进行了驯养，像猪、羊、牛、马、狗等，成为巴人主要的肉食来源。《华阳国志·巴志》载巴人"牲具六畜"，证明开始了对牲畜的喂养。巴人早期的主要生活用具是陶器，陶器不但种类很多，并且多圜底器，圜底器一直贯穿巴人生活的始终。

第二节　秦汉至唐宋时期土家族地区饮食生活

从秦汉到唐宋时期，是土家族地区饮食生活逐步丰富的阶段。一方面是农耕、畜牧技术得到较大的提升，另一方面是统一政权建立后，与周边特别是中原地区的经济文化交流更加频繁，商业经济进一步繁荣，使得土家族先民食物原料更为丰富，烹饪技法更加多样。

一、渔猎、采集仍占据重要地位

秦汉乃至此后很长的历史时期内，土家族地区的农业经济是以渔猎和采集为主，农耕生产为辅。出土于鄂湘渝黔四省市交界地带的战国至东汉的虎钮錞于上刻画有鸟、舟和鱼纹图案，熊传新先生认为它们都与巴人的渔猎经济有关。曾湘军先生认为这些纹饰属于土家族先民的巫术内容，而以渔猎为主的生产、生活方式是产生渔猎巫术的物质基础[1]，渔猎生活进入土家族先民的精神生活领域，可见渔猎经济在土家族先民经济生活中的重要性非同一般。

三国蜀延熙十三年（250年），巴中大姓徐巨反，乱平之后，"乃移其豪徐、蔺、谢、范五千家于蜀为射猎官"[2]，这些人既为射猎官，当是因为他们善于射猎而用之，由此可见其时巴人的后裔仍以狩猎为重要的生产方式。唐代五溪地区的先民日常"熏狸掘沙鼠"，以狩猎为生，同时施州、澄州、溪州、辰州、锦州、黔州等地的土家族先民还把狩猎所得的犀角贡献给朝廷以表忠心。在这个意义上说，狩猎不仅关系到日常的食物所需，也关系到土家族地区的政治安定与否，狩猎生产的重要性不言自明。在巴

---

① 曾湘军. 湘西出土虎钮錞于纹饰与渔猎巫术 [J]. 民族论坛，1990（3）.

② 常璩. 华阳国志译注 [M]. 汪启明，赵静，译注. 成都：四川大学出版社，2007.

东野三关一带，宋代寇准劝民耕垦，该地的农耕生产才开始有所发展，后人为纪念寇准劝民农耕的功绩所修筑的劝农亭，至今尚存。但是，农耕生产的效率还是很低，所产不能满足人们生活所需，狩猎在宋代土家族地区农业经济中的地位仍显突出，施、黔二州土民民风彪悍，擅长使用木弩药箭捕猎，木弩药箭既是战斗武器，也是狩猎的必备工具。

渔业生产方面，澄州"吏征鱼户税"，渔业生产所得成为当时澄州主要的赋税来源，可见渔业在农业经济中的重要性。至迟在南北朝时期，土家族地区的先民有了闹鱼（将有毒药草捣碎后投入水中捕鱼）的捕鱼法，夷水支流丹水，源出望州山，"每旱，村人以芮草投渊上流，鱼则多死"[①]。土家族地区溪河中多产鱼类，土家人多沿溪畔而居，捕鱼成为土家人重要的经济活动方式，在土家语地名中还可找到古代渔业生产的蛛丝马迹，如秀山县有地名宋笼（龙），来凤县有宋笼界，在土家语中，"宋"汉语为"鱼"，"笼"为"生、养"之意，宋笼（龙）即为养鱼、长鱼的地方，但如今这些地方几乎已找不到渔业生产的痕迹。

土家族地区山深林密，植物资源丰富，山民采集野生植物充食，主要为蕨、葛。蕨"处处山中有之，二三月生芽"，"高三四尺，其根紫色，皮内有白粉，捣烂，洗澄取粉名蕨粉，可御饥"[②]，葛亦如之，土家族先民主要的经济活动与平原地区的汉民是有区别的。采集生产也相当重要，"冬月取生葛，捣烂入水中，揉出粉，澄成垛，倒入沸汤中良久，色如胶，其体甚韧，以蜜拌食"[③]。现今土家族多地开办蕨粉和葛粉加工企业，既能以沸汤冲泡食用，又能加工成多种特色美食。

二、农业生产水平不断提升

《汉书·地理志》记载包括南郡和武陵郡在内的江南之地农业生产"火耕水耨，民食鱼稻，以渔猎山伐为业，果蔬嬴蛤，食物常足"。

南北朝至隋唐，土家族地区农业经济中农耕生产在局部地区有了一定的发展。史书载，南朝刘宋元嘉二十七年（450年），荆州刺史沈庆之讨伐

---

① 郦道元．水经注［M］．王先谦，校．成都：巴蜀书社，1985.
② 同治《保靖县志》卷三《食货志》。
③ 光绪《龙山县志》卷十二《物产》。

五溪时，发现"蛮田大稔，积谷重岩，未有饥弊"①。说五溪之地农耕生产所获"积谷重岩"虽有夸大其词之嫌，但五溪地区农耕生产已有了一定的发展当是实情，沈庆之所见可能为沿溪河低地的农业生产情况。《宋书》载，沈庆之镇压五溪蛮时，掳掠牛马七百余头，米粟九万余斛，显示当时五溪蛮有畜牧生产和农耕生产，而且有了一定的规模。

隋唐五代时期，土家族不断引进汉区的先进生产工具和技术，使农业、手工业有了较大发展。在农业上，一般利用天然河流与溪水灌溉田地。生产工具，如犁锄、鼎铛之类多有使用，各地耕地面积均大为增加。思州开垦了许多水田，即所谓"土地稍平，垦田盈畛"。而在施州，如杜甫《郑典设自施州归》诗中"又重田畴辟"所描述的，耕地面积亦有扩大。随之而来的就是粮食产量增加。五溪州铜柱铭文也反映出土家族地区的部分农业生产信息，铭文载楚王与溪州蛮酋约定："无扰耕桑，无焚庐舍，无害樵牧。"耕桑自然指的是农耕生产，樵牧则指的是樵采林木和畜牧，可以看出当地政府对农耕、林业和畜牧生产还是非常重视的。

宋代土家族地区牲畜中耕牛的喂养增多了。李周任职施州时，"选谪戍知田者，市牛使耕"②，其先并未有牛耕，牛的喂养可能不多，在李周推广牛耕后，施州牛的喂养情况可能较前为多。《黔中记》载施州"山冈砂石，不通牛犁"，牛耕技术的推广受到自然条件的限制，施州牛的喂养不一定有很多。朝廷对耕牛入土家族地区是反对的，《宋会要辑稿·蕃夷五》载"四月，诏禁蛮人市牛入溪峒"。禁牛入溪峒也限制了对耕牛的喂养。

正是粮食有余，土家族地区的民众除去日常食用，还用以酿酒，故饮酒之风盛行，每当逢年过节或婚丧嫁娶，都要以饮酒为乐，"以斗酒为能"。

三、西瓜碑

位于鄂西南的施州从宋代开始种植西瓜，恩施市旧州城西门外保留的"西瓜碑"对此有详细的记载。南宋建炎三年（1129年），礼部尚书洪皓出使金国，见"西瓜形如匾蒲而圆，色极青翠，经岁则变黄。其瓞类甜瓜，味甘脆，中有汁，尤冷"，并声称"予携以归，今禁圃、乡圃皆

---

① 《宋书》卷七十七《沈庆之传》。
② 《宋史》卷一百零三《李周传》。

有"（见洪皓《松漠纪闻》），至此中国内地才有西瓜栽种的历史。背靠柳州城遗址西门山梁的西瓜碑，高 6.5 米，宽 5.5 米，厚 7.4 米，由自然灰褐色巨型砂岩镌刻而成。其刻铭框高 1.49 米，宽 1.1 米，碑文竖排阴刻 10 行，每行 17 字，共 169 字。碑文记载了宋时施州引种西瓜的时间、种类、路线及培植方法等，内容较为翔实，俗称"西瓜碑"。西瓜碑是第六批全国重点文物保护单位施州城址的重要内容，是我国目前保存的最早的完整记载西瓜种植的农事碑刻，也是宋代治理开发施州时社会经济发展的重要见证。

第三节　元明清时期土家族地区饮食生活

土司时期，农耕生产和渔猎、采集同样重要，林业和畜牧业生产都形成一定的规模。卫所屯田到明代中后期虽受到一定的破坏，但是屯田所带来的农耕生产在卫所屯戍区内保留下来并得到了发展。施州卫境"大麦垂黄小麦青，晚稻含华早稻熟"，完全是一片农耕生产的景象，其他卫所地区情况大致相似，显见农耕生产已在这些地区占据了主导地位。卫所屯戍区内居民时而"采剥草茎、树皮以为食"，农耕之外，还兼营采集。土司时期黔江地区的主要农作物为小米、大麦、黄豆。思南府地主要农作物为粟、豆、水稻。施州卫地地带主要农作物为大麦、小麦、水稻。容美土司境内以荞、豆、大麦、龙爪谷为主。卯峒土司境主要农作物为麦、小谷（粟）、水稻，还种植荞、龙爪谷、豆、高粱、芝麻。粟、麦为旱地作物，主要种于坡地。嘉靖《思南府志》载思南府弘治以前"渔猎易于山泽"，弘治以后"持刀负弩，农暇即以渔猎为事"，府属朗溪"以猎为业"。铜仁府铜仁司"祭祀以鱼为牲"，提溪司"以渔猎为生"，至康熙年间仍是如此。万历《慈利县志》载明代的慈利县境内农业生活"以田猎渔罟为生"，"滨河者多依渔营生，刳木为舟，畜鸬鹚数十，持网罟下河，颇足自给"。

"改土归流"后，"地日加辟，民日加聚，从前所弃为区脱者，今皆尽地垦种之，幽岩邃谷亦筑茅其下，绝壑穷巅亦播种其上"[①]，入山的流民和当地的土家人一起推动了土家族地区农耕生产的发展。黔东北思南府、铜

---

① 同治《恩施县志》卷七《风俗志》。

仁府、松桃厅均有"农知务本力田"①的相关记载。鄂西南施南府、宜昌府等地与上述各地情况相同。伴随着农耕生产的发展，农耕生产赖以存在的土地的重要性日益突出，土地的价格也日贵一日，如永顺县乾隆年间"所属田土价值，逐年日贵一日，偶遇出售，民间即争先议价，甚至已有田主，犹欲添钱买夺，期予必得"②。土地是农耕生产的基础，土地价格的增长反映出乾隆年间农耕生产得到了飞速发展，农耕在经济生活中的重要地位日益突出。

一、番薯、玉米、马铃薯的引种影响深远

明中晚期，番薯（甘薯、红薯、红苕）、玉米（玉蜀黍、苞谷、包谷）、马铃薯（土豆）始自海外传入中国沿海，此后逐渐向内地传播。大约在土司时代的晚期，番薯、玉米、马铃薯等农作物开始进入土家族地区局部区域。康熙年间思南府已有了关于玉米的记载，表明在康熙年间玉米已开始进入思南府境。长阳县玉米、番薯的传入大致是在康熙年间。这三种作物在土家族地区的广泛种植是在清代"改土归流"之后。

（一）传入

玉米、番薯、马铃薯由海外传入大约是在明代中期，此后从不同的途径传入中国内地。这三种作物传入土家族地区大概经由西南和东南两条途径，时间大致在"改土归流"后。玉米传入内地主要有三条渠道：一是自海外传入东南沿海各省再传入内地，时间大约在明嘉靖年间；二是由西北陆路传入陕甘地区，最早见于明嘉靖年间；三是由西南陆路传入，最早见于明嘉靖年间。黔东北的思南府大约在清康熙年间开始了玉米的种植，湘西的永顺、辰州等府，永绥等厅在乾隆、嘉庆之际已是普遍种植玉米。澄州到道光年间已是多植玉米。鄂西南的长阳在康熙年间始有玉米的种植，"改土归流"后玉米在鄂西南广泛种植，山羊隘地方至乾隆年间开始种玉米。渝东南大致也是在"改土归流"后引进了玉米的种植。番薯和马铃薯传入土家族地区的路线和玉米传入的路线相当，传入时间则比玉米稍晚，大约在"改土归流"后在土家族地区广为种植，番薯传入渝东南的黔江县

---

① 同治《永顺府志》卷十《风俗》。
② 乾隆《永顺县志》卷三《赋役志》。

晚到乾隆三十五年（1770年），官府才"告以种植之法与种植之利"①，而此时玉米已在土家族地区广泛种植了。

1. 玉米

玉米的种植地不择肥瘦，播不忌晴雨，而且高下皆宜，"凡七里高处无水源所在均宜种植包谷"②，"改土归流"后在土家族地区得到广泛的种植。鄂西南施南府的谷地和山坡均有玉米的种植，玉米也成为土家人的主粮。宜昌府玉米"自彝陵改府后，土人多开山种植，今所在皆有，乡村中即以代饭"③。鹤峰州到道光年间"硗确之处皆种包谷"④。石柱厅、酉阳州居深山因而稻米难以种植，玉米的引入很大程度上解决了贫民的吃饭问题。思南府、松桃厅、石门县、慈利县各处均大量种植玉米。永顺府当地所种杂粮中所产最多的亦是玉米。永绥厅在乾隆年间的玉米年产量甚至达万余石。凤凰厅所产玉米不仅供本地食用，还挑运出境售卖，获利颇多。"改土归流"后，经过土家人及兄弟民族的垦山种植，玉米广布于土家族地区的山岭沟谷间，玉米也成为当地人们的主要粮食来源。

2. 番薯

几乎在同一时期，番薯的价值也得到了土家人的认可。"山地多之，清明下种，雨后翦藤插之，霜降后收，掘窖藏之，可作来年数月之粮"⑤，"改土归流"后番薯在土家族地区广为种植。鄂西南施南府境的贫民则以种薯为正务，地势较低的河谷地带和低山地带的人民甚至以番薯为主粮。宜昌府境内种植马铃薯与番薯当作佐粮，低山适合种番薯。番薯由于受水热条件的限制，只适于种植于低山坡地，番薯因此也成为土家族地区山民的主要粮食来源。

3. 马铃薯

马铃薯为耐寒作物，阴寒过甚、五谷不生的高寒山地可种植马铃薯。同治《施南府志》载施南府属高山，"遍种洋芋"且"山民聊以备荒"；宜

① 光绪《黔江县志》卷三《食货志》。
② 同治《宣恩县志》卷十《风土志》。
③ 同治《宜昌府志》卷十一《风土志》。
④ 同治《宜昌府志》卷十一《风土志》。
⑤ 同治《施南府志》卷十一《食货志》。

昌府属高荒之地,当地土人多种洋芋当作粮食;渝东南酉阳州属"居民多种番薯、洋芋"①;黔东北山民也积极伐木开荒,种植马铃薯;湘西北永顺府当地农家以种此果腹;乾州厅、凤凰厅亦是如此。可见"改土归流"后马铃薯的种植在土家族地区也较为普遍,马铃薯的种植多集中于高寒山地,成为高山地带山民的主要粮食来源。

(二)对土家族地区饮食格局的影响

通过对"改土归流"后土家族地区主要农作物分布情况的分析可知:在土家族地区,农作物主要还是以山地旱作为主,水稻的种植不多。在垂直尺度上,在河谷地带和低山地带农作物以水稻、番薯为主,间有豆、麦、粟、玉米的种植,在二高山地带主要以玉米为主,辅以粟、麦、豆、马铃薯的种植,间有水稻的种植,而高山地带则以马铃薯为主,有少量的麦、豆、粟的种植。

首先,玉米、番薯、马铃薯由于耐旱耐瘠又高产,在山区广为培育。清周亮工《闽小记》中载番薯"不与五谷争地,凡瘠卤沙岗,皆可以长,大旱,不粪治亦长大",且"薯苗入地即活,东西南北,无地不宜,得沙土高地结尤多,天时旱涝,俱能有秋"②。著名农学家徐光启在《农政全书》中将番薯的好处总结为"十三胜",即其高产益人、色白味甘、繁殖快速、防灾救饥、可充笾实、可以酿酒、可以久藏、可作饼饵、生熟可食、不妨农功、可避蝗虫等。而玉米的产量不低于麦、粟,却更耐旱,能在高山贫瘠的土地上生长。马铃薯适应力最强,能生长在山区的高寒地带。当时流民垦荒多是种植这些作物来解决粮食问题,山区一般在低处种番薯,高处种玉米,在更高的山上,连玉米、番薯都不适于栽培,则耐"地气苦寒"的马铃薯。同治《恩施县志》记载:"环邑皆山高,山以包谷为正粮,间有稻田种植,收获恒迟,贫民则以种薯为正务,最高之山惟种药材,近则遍植洋芋,穷民赖以为生。"同治《宣恩县志》记载:"宣民居低山者除稻谷外,以甘薯为接济正粮,居高山者,除包谷外,以洋芋为接济正粮。"同治《建始县志》记载:"建邑山多田少,居民倍增,稻谷不给,则于山上种包谷、羊芋或厥薯之类,深林幽谷,开辟无遗。"川陕鄂

---

① 光绪《黔江县志》卷五《风俗志》。
② 《本草纲目拾遗》卷八《诸蔬部》。

三省的山地和丘陵地带，玉米种植发展都很快。湖北西部地区，如鹤峰州，到道光时，"邑产包谷"已"十居其八"。而且还因这些农产品市场需求旺盛，从而为丰富人民生活、增加农民收入起到了积极的促进作用。[①]

在盛产番薯、马铃薯的地区，很多农民以番薯制粉，用以出售牟利，推动当地商品经济发展。清人赵学敏《本草纲目拾遗》中提到甘薯粉时说，"土人造以售客，贩行远方。近日宁波及乍浦多有贩客市粉，价贱于面粉"。制粉业渐渐成为主要农村工业，当时的长阳商贾贸易往来频繁，清江航运货物无论是种类还是规模都大大增加，铜、铁、香、粗纸、桐油、木油、菜油、麻油、芋、茶、黄腊、炭、煤、漆、硝、豹皮、狐皮、獭皮、葛粉、蕨粉、洋芋粉等物资运送频繁。以番薯、马铃薯制粉出售成为农民增加可支配收入的新途径，不仅活跃了农村经济，也在一定程度上推动了农村商业的发展。

其次，为急剧增加的人口提供了口粮。玉米的种植对流民垦殖山区意义尤为重要，如湘鄂川三省交界的武陵山区山高林密，土司时期"蛮不入境，汉不入峒"，人口流动极为有限。但到了乾嘉时期，大量外省流民迁入垦山，因新开垦的都是坡度很高的山地，只能种植生长力强的玉米，《三省边防备览》提到"漫山遍野皆种包谷"，《秦疆治略》也称"南山崇岗叠嶂，已往居民尚少，近数十年，川广游民沓来纷至。……租山垦地，播种包谷"。据龚胜生估计，到清末，两湖玉米种植面积为100万亩（每亩约为667平方米），番薯种植面积为180万亩，以0.6石的玉米单产和6石的番薯单产计，清末两湖每年可产玉米60万石，番薯1080万石，合计增加粮食1100多万石，按每人需4石计，约可养活280万人。著名农学家徐光启《农政全书》载，"农人之家，不可一岁不种。此实杂植中第一品，亦救荒第一义也"。可见玉米、番薯等美洲作物的传播为拓展农业生产的空间、满足日益增长的人口的需求起到了至关重要的作用。

最后，丰富了土家族地区的饮食生活，改变了饮食结构。清道光《植物名实图考》也谈到："山农之粮，视其丰歉，酿酒磨粉，用均米麦；瓤煮以饲豕，秆干以供炊，无弃矧。"充分反映了玉米、番薯等美洲作物在农民食物生产中的重要性。明清时期原产于美洲的粮食作物玉米、番薯、

---

① 王思明．美洲原产作物的引种栽培及其对中国农业生产结构的影响［J］. 中国农史，2004（2）.

马铃薯的传入，使我国粮食结构发生了新的变化，对我国社会经济的发展也起到了一定的推动作用。

（三）对生态环境的影响

值得注意的是玉米等高产农作物在南方山区规模种植，可能会诱发生态环境的变化。滥开山区，毁坏林木，水土流失，对生态平衡造成的破坏作用，越来越明显。在当时落后的生产条件下，流民的垦殖方式主要以毁林烧山为主，后来土民也纷纷效仿之，山区丰富的森林资源遭到破坏，自然植被大量消失，引起水土流失，使地力衰竭，无法耕种，流失的沙石殃及近山平地，毁坏良田屋舍，下游河流泥沙淤积，洪涝灾害频繁。随着山区水土流失的加重，有的地皮几乎无土，只存石头，有的只存瘠壤，肥力下降，普遍出现"粪种亦不能多获者"的局面，棚民只好另寻他处垦殖，这样辗转开垦必然导致耕地的滥行扩张和水土流失范围的扩大。如道光《鹤峰州志》载："田少山多，坡陀硗确之处皆种包谷。初垦时不粪自肥，阅年即久，浮土为雨潦洗尽，佳壤尚可粪种，瘠处终岁辛苦，所获无几。"[①]形象地描述了当时山区水土流失的情况。据道光《印江县志》记载："小民为终岁之计，刊木垦山，种菽、粱、蜀黍及芋，雨甚沙漂，岁恒无获，且下壅田为大患。"生态环境遭到破坏是粮食生产的不利条件之一，这在一定程度上导致清后期粮食亩产下降，农业产出减少。

除水土流失之外，野生动物的种类也有明显下降。明末清初，黔东北地区常有老虎出没，嘉靖《贵州通志》记载："（铜仁府）嘉靖己亥春夜，豹入民室，到晓获之。庚子，三虎吼于东山之椒地，地若为之震……"而到了雍乾时期，虎的出现已经很少了。

生态破坏使得各种灾害增多。道光《鹤峰州志》载，"改土归流"后"山水泛涨，无岁无之"。许多地方"盛夏大雨，往往山崩地裂，甚至冲塌民舍，人畜俱有损伤"，"乾隆五十三年五月二十二日，郭外西街冲去民房舍数十间"[②]。人灾转化成了天灾，进一步恶化了土家族人民的生存环境。《山羊隘沿革纪略》载："是时（康熙年间），人烟稀散，上下一带，居民不过一二十户。草木畅茂，荒郊旷野，道足各俱系羊肠小径，崎岖多险。

---

① 道光《鹤峰州志》卷十四《杂述志》。
② 道光《鹤峰州志》卷十四《杂述志》。

兽蹄鸟迹，交错于道。山则有熊、豕、鹿、麂、豺狼、虎、豹诸兽，成群作队，或若其性。水则有双鳞、石鲫、重唇诸色之鱼，举网即得，其味脆美。时而持枪入山，则兽物在所必获；时而持钓入河，则水族终至盈筍，食品之佳，虽山珍海错、龙脑凤髓，未有能出其右者。其间小鸟，若竹鸡、白雉鸡、野鸡、凤凰、锦鸡、上宿鸡、土香鸡，真有取之不尽，用之不竭之慨……至乾隆年间，始种包谷。于是开铁厂者来矣，烧石灰者至焉。群来斯土，叠叠青山，斧斤伐之，为之一扫光矣。禽兽逃匿，鱼鳖罄焉。追忆昔日入山射猎之日，临渊捕鱼之时，取之不尽，用之不竭，不可复得矣。而外来各处人民，携妻负子，佃地种田，植包谷者接踵而来。"前后数十年，境况迥异，说明清代湖广地区土家族山区的农业开发，破坏了生态环境，导致土家族山区的环境恶化，造成该地区野生动植物资源锐减，造成水土流失严重、土地肥力降低、水灾增多等生态灾变。①

二、味觉革命——辣椒的引入

我国最早的辣椒记载见于明高濂的《遵生八笺》，称之为"番椒"，这可能因为辣椒是从海外传来，又与胡椒一样有辣味而适做调料。1621年刻版的《二如亭群芳谱》也载有："番椒，亦名秦椒，白花，实如秃笔头，色红鲜可观，味甚辣，子种。"关于辣椒的传入，中国农业科学院蔬菜研究所编《中国蔬菜栽培学》中提出有两条路径："一经'丝绸之路'，在甘肃、陕西等地栽培，故有'秦椒'之称；一经东南亚海道，在广东、广西、云南栽培，现西双版纳原始森林里尚有半野生型的'小米椒'。"但书中未注出处。

湖南是内地辣椒传入记载较早的省份之一，康熙二十三年（1684年）《宝庆府志》和《邵阳县志》都有关于"海椒"的记载，之所以加上一个"海"字，估计与沿海引进有一定关系。

贵州也是较早食用辣椒的省份。康熙六十一年（1722年），《思州府志》载："药品：海椒，俗名辣火，土苗用以代盐。"这是土家族地区关于辣椒代盐的最早记录。乾隆《贵州通志》《黔南识略》、道光《松桃厅志》《思南府续志》等，都有海椒的记载。大约到道光年间，贵州的辣椒种植

① 郗玉松. 改土归流与土家族山区的农业生态灾变研究 [J]. 农业考古，2015（6）.

已基本普及，此地区通呼"海椒"，另有"辣火""辣有""辣角"别称，以"辣角"居多。

湖北地区对于辣椒的记载，见道光《鹤峰州志》："番椒，俗呼海椒，一呼辣椒，一呼广椒。"嘉庆到咸丰年间记载很少，同治以后特别是光绪时期增多，《兴国州志》《长乐县志》等都有记载。

乾隆十四年（1749年），《大邑县志》载："秦椒，又名海椒。"这是四川辣椒最早的记载。番椒在四川地区称"海椒"的最多，"辣椒"和"辣子"次之，偶有称"秦椒"。但辣椒在四川盆地种植的扩展速度是非常快的。清末徐心余《蜀游闻见录》亦记载："惟川人食椒，需择其极辣者，且每饭每菜，非辣不可。"清代末年傅崇矩《成都通览》记载，当时成都各种菜肴达1328种之多，辣椒已成为川菜中的重要佐料。

三、豆类等杂粮广泛种植并应用

（一）杂粮广为种植

豆类是土家族地区种植较早的农作物之一，"改土归流"后在土家族地区也广为种植。鄂西南施南府"凡无水源处皆可种豆"；宜昌府处种"豆有黄豆、白豆、绿豆、黑豆、赤豆、褐豆、藿豆、五月豆、九月豆、豌豆、豇豆、扁豆、刀豆、虎爪豆、蛾眉豆、龙爪豆、胡豆、四季豆"[①]之类；酉阳州"民间餐飨每用玉蜀黍及藏粟"；湘西北石门县"宜豆"；永顺府"田畔种菽无隙地"；永绥厅乾隆年间"黄豆岁出万余石，出境五六千石"，"绿豆岁出二三百石"，"包谷万余石"。

麦类在土家族地区早有种植，"改土归流"后也是土家族地区山农广为种植的农作物之一。鄂西南施南府属"低山田地收获之后旋种菜麦麻"，山坡也种麦，"种将菽麦满山坡"。宜昌府山民"间用麦、菽、粟之类"，说明该地区有麦的种植。黔东北思南府主食中"稻具其七"，"麦居其二"，思南府境粮食作物中麦的种植仅次于水稻，"土人以燕麦为正粮"，所种麦类以燕麦为主。渝东南石柱厅"牟麦粱菽仅见山地"，牟麦即荞麦，石柱厅境荞麦的种植较多。酉阳州"山谷贫民半皆以包谷、荞麦为饔飧"，包谷和荞麦为酉阳州境主要的杂粮作物。湘西北永顺府"土性寒不宜麦，种

---

① 同治《宜昌府志》卷十一《风土志》。

者收甚薄，面皆市之沅陵、永定县"，府境麦的种植不多，唯桑植县所种大、小麦"可作面，贩给他境"，桑植县为府属四县中种麦相对较多的区域。凤凰厅"种杂粮于山坡，如苎麻、粟米、青豆、参（糁）子……高粱、荞麦之属"，厅境种荞麦，永绥厅、乾州厅也有相似的情况。土家族地区的麦类有大麦、小麦、荞麦、燕麦等品种，黔东北思南府、永定县（今永定区）种麦较其他地区为多。麦类作物低山、高山都有种植。康熙《思州府志》卷四《物产》所载谷的品种多样，有"早谷、晚谷、旱谷（种山土中，平地亦种，名曰旱粘）"。

（二）果木栽种较有起色

明政府还重视经济林木的种植，洪武二十四年（1391 年），令五军都督府：凡天下卫所屯军士兵，每人"种桑枣百株，柿、栗、胡桃之类，随地所宜植之"，土家族地区的卫所屯区内也当有此类经济林木的种植。土司时期，土家族地区的农业结构在不同的区域内不尽相同，在卫所屯田区和开发较早的区域内，农业生产中以农耕生产为主，以渔猎和采集为辅；在广大的土司区内，农业生产中渔猎、采集和农耕同等重要；而在边远的高山区，农业生产以渔猎、采集为主，农耕生产为二者的有效补充；土司时期，土家族地区的林业和畜牧业有所发展，并有了一定的规模。土司时期，土家族地区主要的农作物和经济作物在各地的分布，大致是开发较早的土司地区（思南府及石柱土司）、卫所屯田区域、设县地带，水稻和经济作物相对较多；广大的土司地区农作物以粟、麦、豆、龙爪粟为主，经济作物相对较少。在立体空间上，沿河谷地带及低山地带的平坦有水之处农作物以水稻为多，有棉花、麻等经济作物的种植，低山地带以粟、麦、豆、龙爪粟等农作物的种植为主，经济作物以茶的种植为主，二高山、高山地带经济作物以烟草的种植为主。

（三）各类蔬菜

"改土归流"后土家族地区主要的农作物有玉米、番薯、马铃薯、水稻、粟、麦（包括燕麦、大麦、小麦、荞麦）、豆、高粱及各种瓜类、蔬菜类。各种主要的农作物在土家族地区的分布还是有一定的差异，如表 2-1 所示。

表 2-1　清代土家族地区各地农作物简表[①]

地区名	农作物种类	资料来源
石柱厅	粳稻、香稻、糯稻、蜀稻、玉蜀黍、薏苡、麦、大麦、燕麦、荞麦、苦荞麦、粱、粟、海粟、鹅掌粟、黄豆、赤豆、绿豆、豌豆、蚕豆、扁豆、菘、芸苔、荠、苋、马齿苋、土苋、菠菜、葱、韭、蒜、姜、萝卜、胡萝卜、茄子、莴苣、蔓菁、芋、甘薯、牛皮菜、山药、四季豆、豇豆、扁豆、刀豆、菌、番椒、黄粱笋、四季菜、竹叶菜、黄瓜、冬瓜、南瓜、丝瓜、菜瓜、苦瓜、葫芦、木瓜、倭瓜、金瓜、地瓜、苎、麻、木棉、蓝、红蓝	道光《补辑石柱厅志》
酉阳州	稻、高粱、包谷、黍、粟、麦、燕麦、荞麦、大豆、绿豆、饭豆、蚕豆、豌豆、龙爪粟、芝麻、薏苡、菠菜、芜菁、菘、莱菔、芥、芥蓝、芸苔、菠菜、莴苣、薤菜、苋、葵、刀豆、扁豆、四季豆、菜豌豆、黄瓜、丝瓜、冬瓜、苦瓜、葫芦、瓠子、绞瓜、茄子、山药、甘薯、魔芋、胡萝卜、地蚕、牛皮菜、芹、茭白、藕、襄荷、姜、葱、韭、蒜、茴香、海椒、椒、吴茱萸、荠、马齿苋	同治《增修酉阳直隶州总志》
秀山县	稻、粱、豆、包谷、麦、姜、芋、蒜、芥、韭、椒、芹、莴苣、莱菔、菘、苋、菠菜、芜菁、芸苔、葵、襄荷、魔芋、甘薯	光绪《秀山县志》
黔江县	稻、高粱、麦、包谷、芝麻、苏麻、薏苡、荞麦、鹅掌粟、大豆、绿豆、巴山豆、蚕豆、扁豆、刀豆、豇豆、豌豆、四季豆、野豌豆、崖豆、赤小豆、蔓菁、菘、莱菔、芥、芸苔、芥蓝、菠菜、莴苣、苋、薤菜、葵、南瓜、黄瓜、丝瓜、冬瓜、苦瓜、葫芦、瓠子、金瓜、绞瓜、茄子、金针、魔芋、芹、海椒、甘薯、牛皮菜、茭白、地蚕、筒蒿、芋、藕、襄荷、姜、葱、蒜、菌、韭、椒、芫荽、茴香、荠、粑粑草、苍耳、马齿苋、石蒜、野蒜、大头菜	光绪《黔江县志》

---

① 朱圣钟. 鄂湘渝黔土家族地区历史经济地理研究 [D]. 西安：陕西师范大学，2002.

地区名	农作物种类	资料来源
彭水县	粳稻、糯稻、蜀黍、麦、黍、燕麦、荞麦、包谷、粟、大豆、绿豆、白豆、豌豆、蚕豆、芝麻、苏麻、薏苡、洋芋、蔓菁、莱菔、芥、芸苔、菠菜、莴苣、苋菜、蕹菜、葵、牛皮菜、茭白、扁豆、刀豆、豇豆、菜豌豆、四季豆、南瓜、黄瓜、丝瓜、冬瓜、苦瓜、葫芦、瓠子、金瓜、茄子、茼蒿、襄荷、芫荽、甘薯、芋、姜、葱、蒜、椒、海椒、茴香、地蚕、菠菜	光绪《彭水县志》
沿河县	稻、大麦、小麦、青稞、高粱、黍、小米、刀豆、豌豆、蚕豆、青皮豆、黄豆、四季豆、绿豆、豇豆、包谷、荞麦、麻、白菜、青菜、苋、莲花白、冬苋菜、茼蒿、芹菜、菠菜、菜花、芸苔、牛皮菜、莴苣、萝卜、茄子、芋、山药、黄花、茭瓜、蒜、葱、韭、姜、椒、番椒、胡瓜、南瓜、瓠、西瓜、冬瓜、苦瓜、丝瓜、地瓜	民国《沿河县志》
乾州厅	粳稻、糯稻、高粱、大麦、小麦、燕麦、荞麦、黄豆、黑豆、绿豆、滚豆、蚕豆、豇豆、豌豆、扁豆、长豆、刀靶豆、蛾眉豆、羊眼豆、龙爬豆、四季豆、粟、包谷、芝麻、韭、葱、蒜、芥、白菜、芸苔、胡妥、萝卜、大头菜、山药、薯芋、甘薯、芋、魔芋、菠菜、莴苣、苋、葵、芹、蒿、田菜、羊藿叶、紫苏、小茴香、茄、瓠、葫芦、黄瓜、冬瓜、丝瓜、苦瓜、搅丝瓜、西瓜、茭白、葛仙米	光绪《乾州厅志》
永绥厅	稻、粟、黄豆、绿豆、黑豆、赤豆、芝麻、麦、玉米、薏仁米、黍、粱、穄子、香稻米、荞、笋、白菜、苋、冬苋、萝卜、芹、茼蒿、莴苣、油菜、甜菜、辣子、豆荚、刀豆、红豆、四季豆、扁豆、蚕豆、豌豆、山药、白薯、葱、蒜、韭、芋头、蕹菜、芫荽、冬瓜、王瓜、菜瓜、丝瓜、苦瓜、南瓜、胶瓜、金瓜、木瓜、葫芦、芥、茄、瓠	同治《永绥直隶厅志》
永顺府	高粱、粟、荞、黄豆、绿豆、蚕豆、赤豆、穄子、包谷、芝麻、麦、稻、瓜、棉花、稷、甘薯、菠菜、莴苣、苦菜、苋、马齿苋、芹、茼蒿、芸苔、芥、菘、萝卜、胡萝卜、茄、瓠、芋、甜菜、葵、葱、蒜、韭、姜、藕、豆芽菜	同治《永顺府志》

续表

地区名	农作物种类	资料来源
凤凰厅	稻、黍、大麦、小麦、燕麦、荞麦、黄豆、青皮豆、赤豆、泥豆、滚豆、茶豆、蚕豆、豇豆、鹅眉豆、羊眼豆、龙爪豆、扁豆、刀豆、粟、包谷、芝麻、葱、蒜、韭、芸苔、芥、菘、萝卜、胡萝卜、山药、薯芋、甘薯、芋、菠菜、莴苣、莙荙、蕹菜、苋、葵、苜蓿、芹、茼蒿、甜菜、阳藿、姜、紫苏、茄、瓠、葫芦、越瓜、黄瓜、南瓜、冬瓜、苦瓜、甜瓜、丝瓜、西瓜、土蚕、茭白	道光《凤凰厅志》
古丈坪厅	老麦、燕麦、小麦、荞麦、包谷、饭豆、滚豆、菜豌豆、黄豆、绿豆、乾豆、豌豆、稷、高粱、芝麻、番薯、落花生、穇子、罂粟、韭、笋、冬苋、芸苔、冬瓜、西瓜、金瓜、王瓜、苦瓜、丝瓜、瓠、菜瓜、辣子、茄、芋头、葵、金豆、长豆、扁豆、羊合、青菜、白萝卜、苦菜、甜菜、蒜、葱、菠菜、芹、菘、莴苣、姜、莲、藕、菱角、地菜	光绪《古丈坪厅志》
思南府	稻、粱、黄豆、黑豆、花豆、绿豆、蚕豆、豌豆、扁豆、豇豆、四季豆、爬山豆、画眉豆、鱼鳅豆、大麦、小麦、燕麦、米麦、黍、包谷、荞麦、稗、薏苡仁、姜、韭、葱、蒜、胡荽、芥、萝卜、白菜、芸苔、莴苣、菠菜、筒蒿、牛皮菜、冬苋菜、茄子、芹、苋、芋、番薯、洋藿、海椒、南瓜、西瓜、瓠、冬瓜、菜瓜、苦瓜、甜瓜、王瓜、丝瓜、葫芦、金瓜	道光《思南府续志》
长阳县	稻、粱、大麦、小麦、米麦、燕麦、黍、稷、麻、荞、瓠、大豆、黄豆、绿豆、蚕豆、蛮豆、豌豆、薯、芋、洋芋、葱、蒜、芥、芹、苋、茄子、菠菜、莴苣、葫芦、瓠、豇豆、扁豆、四季豆、刀豆、黄瓜、冬瓜、西瓜、南瓜、北瓜、菜瓜、丝瓜、金瓜、蕹菜、春不老、菘、红菜、芸苔、藕、莴马菜、萝卜、胡萝卜、黄芽白菜、筒蒿、蒌蒿、襄荷、花椒、冬苋菜、蔓菁、芫荽、马齿苋、萝卜、薏苡、落花生	同治《长阳县志》

地区名	农作物种类	资料来源
长乐县	稻、粟、谷、粱、大麦、小麦、米麦、燕麦、荞麦、龙爪粟、芝麻、苏麻、黍、稗、黄豆、青皮豆、丝豆、赤豆、豇豆、黑豆、画眉豆、小豆、蛮豆、扁豆、蚕豆、茶豆、秋凉豆、鹅眉豆、豌豆、金豆、南瓜、北瓜、冬瓜、苦瓜、金瓜、丝瓜、黄瓜、烧瓜、洗瓜、铁瓜、瓠瓜、葫芦瓜、西瓜、黄花、藕、茄、薯、白菜、蒜、芹、芋、蕹菜、洋芋、水芹、青菜	同治《长乐县志》
鹤峰州	稻、包谷、大麦、小麦、燕麦、荞、高粱、黍、黄豆、黑豆、画眉豆、绿豆、茶豆、豇豆、豌豆、扁豆、鹅眉豆、金豆、芝麻、粟、龙爪粟、白菜、青菜、苦菜、苋、萝卜、芫荽、芋、芹、地蚕、韭、葱、蒜、芸苔、芥蓝、藤菜、阳合、菠菜、茄、番椒、冬瓜、南瓜、苦瓜、黄瓜、瓠瓜、金瓜	道光《鹤峰州志》
归州	大麦、小麦、荞麦、米麦、燕麦、稻谷、稷谷、稗粮、黑黍、白黍、黑豆、青豆、黄豆、菜豆、豌豆、豇豆、刀豆、小豆、四季豆、羊肚菌、木耳、韭、葱、蒜、苋、葫芦、莴笋、西瓜、茄、海茄、金瓜、广椒、花椒、萝卜、青菜、白菜、胡荽、菜瓜、野虎蒜、龙须菜、黄瓜、家香菜、姜、丝瓜、南瓜、冬瓜、芥、蔓菁、芋、薯、瓠	光绪《归州志》
施南府	包谷、稻、粟、大麦、小麦、燕麦、荞麦、高粱、稷、黄豆、绿豆、豇豆、豌豆、刀豆、扁豆、四季豆、鹅眉豆、包白菜、洋芋、魔芋、薯、姜、藕、地蚕、大蔸菜、绞瓜、辣子、南瓜、西瓜、丝瓜、冬瓜、黄瓜、菜瓜、茄、萝卜、青菜、葱、蒜、韭、甜菜、芝麻	同治《施南府志》

（四）畜牧业快速发展

"改土归流"后，土家族地区的畜牧业也开始了规模化生产，有了专门进行畜牧生产的"厂"和专门从事畜牧业经营的商贩。牲畜不外乎猪、牛、羊、马、骡、驴、兔、狗、猫、鸡、鸭、鹅等。"改土归流"后土家族地区的牛耕技术得到推广，高低田地皆有牛犁，牛成为农耕生产的主要动力之一。

（五）渔业发展颇有起色

历经多年的开发，鱼类资源消耗殆尽，鱼类资源的匮乏导致溪河捕鱼劳作活动在农业生产中日渐萎缩。为保证渔业生产，政府鼓励挖塘养鱼，于两山相夹及卑陷阴湿及村庄左右处所，尽可挖塘，既可灌田，又可养鱼，塘堰养鱼遂为兴盛。长乐县（今长乐市）境内筑河塘7处，堰塘28处，皆人力筑成，可以灌田蓄鱼，"鲤、鲢、鲫、鳊、青鱼多蓄诸塘堰"。还利用稻田养鱼，"民间沿河蓄鱼秧，春田既作，民间鬻之以放于田，秋收后鱼至二三斤不等，而鱼之得于农家者甚多"。此外还有山塘水库养鱼、拦河网箱养鱼等法。

第四节　《容美纪游》中的土家族地区饮食生活①

顾彩，清代文学家、戏曲作家，字天石，别号梦鹤居士，江苏金匮（今无锡）人。康熙十七年（1678年），通过博学鸿词科，进入国子监，因工词曲而"名噪都下"。康熙四十二年（1703年），应容美土司田舜年（宣慰使田舜年，字眉生，号九峰）盛邀，又因"孔东塘（孔尚任，字东塘）之先容，而又有枝江令孔振兹之怂恿"，二月初四发枝江署中，开始了富有传奇色彩的容美之旅。至七月初八辰时返抵枝江县（今枝江市），历时五月余，饱览西南山川美景，领略土家质朴风土人情，深有感触，写下传世名篇《容美纪游》。

---

① 本节所引文字均为《容美纪游校注》，后不赘述。（顾彩．容美纪游校注［M］．吴柏森校注，武汉：湖北人民出版社，1999.）

一、关于容美及《容美纪游》

容美，系湖广容美等处军民宣慰使司的简称，其先或称柘溪、容米峒、容美洞，亦称容阳，通称容美土司或容美司。土家先民"自汉历唐，世守容阳"。田氏自唐元和元年（806年）开始世袭土司，至清雍正十三年（1735年）"改土归流"，统治容美九百多年。容美土司是湘鄂川黔边区土家族的实力较为雄厚的大土司之一，其辖区包括今恩施土家族苗族自治州的鹤峰县、五峰土家族自治县、长阳土家族自治县的大部分地区及建始、巴东、石门、恩施等县市结合部。其地崇山峻岭，危关险隘，为古巴人后裔土家族聚居之地。雍正朱批谕旨载，"楚蜀各土司，惟容美最为富强"。

土司制度是我国古代对少数民族地区施行统治的重要政治制度。它的特点是土司为少数民族地区的最高行政、军事长官，世守其土、世领其民，定期向中央王朝纳贡。如遇征战，听从中央政府军事调配。这种制度发端于唐宋，完善于明代，在清代达到鼎盛后逐渐衰落。特别是清康熙年间，土司主田舜年"博洽文史，工诗古文，下笔千言不休……爱客礼贤，招徕商贾，治军严肃，御下以简，境内道不拾遗，夜不闭户"。容美地区的经济、政治、文化等都发展到了一定的高度，对外交流的需求也逐步增强。由于土司田舜年本身对文学的爱好和对中原文人雅士的仰慕，"尤喜宾接名流"，促使了顾彩的西游。顾彩以他的生花妙笔，为人们展示了一幅优美生动的鄂西土家山水风情画卷。

二、《容美纪游》中所展示的土家饮食文化

（一）饮食产品

1. 主食

（1）白米。

三月初六大雨不止，顾彩一行暮至薛家坪，觅得一逃荒空舍，正饥饿难耐之时，"从人掘舍旁木叶堆，得铁鼎铛一具，白米二斗许"。随行人员乃经验丰富之土人，对本地百姓的生活习性了如指掌。鼎乃古代祭祀、烹饪器皿，此处"铁鼎铛"似寓原始烹饪工具，能在荒山野岭中觅得二斗百姓平日难得一食的白米，难怪要欢欣地叫道"天助我粮也"。

（2）大麦。

司中土地贫瘠，土民多采取轮耕方式，以增加产量。一般一块土地只可耕种三年，就须转移它地，"耕种止可三熟"，因而粮食并不充足，"有大麦，无小麦"。

（3）苦荞、甜荞。

"苦荞居多，民所常食也。甜荞不恒有，供官用。"

（4）葛粉、蕨粉。

"其粮以葛粉、蕨粉和以盐豆，贮袋中，水溲食之，或苦荞、大豆。虽有大米，留以待客，不敢食也。"葛粉、蕨粉均属野生植物淀粉，"荒年尤多"。

2. 荤食

（1）干鱼、鹿腊。

顾彩在其向容美进发的第二日，也就是清康熙四十二年（1703 年）三月初五中午时分，为解除半日泥淖中跋涉的辛劳，"使者出所持干鱼鹿腊，席地张伞食之"，顾彩先生认为"甚可口"。一则旅途劳顿，饥肠辘辘，二则干鱼、腊鹿肉乃鄂西难得之山珍河鲜。土司主田舜年对这位大文人给予了相当的优待。

（2）老虎。

鄂西山高林密，常有猛兽出没。老虎给顾氏留下了深刻的印象。初九"夜半有虎从对山过，从人皆见，目如炬灯。所乘马惧，人立而嘶"，后燃篝火并张伞驱赶，虎方徐步离去；二月十五日"有虎食一驴于屋后圃"；二十三日，土司向顾彩赠以鲜虎头脯；容美境内之李虎坡，也"虎穴在焉，常夜出伤牛畜"。土家人自古以悍勇著称，先人曾随武王伐纣，"歌舞以凌殷人"。在崇山峻岭中，猛虎出没频繁，从土人的表现来看，似已习以为常，突然遭遇也处之泰然，有时甚至将其列入盘中美餐。

（3）竹鼬、野猪腊、青鱼鲊。

二十三日，同新茶和鲜虎头脯一道赠予的美味还有"竹鼬、野猪腊、青鱼鲊"，五月八日，田舜年又以野猪、野鼬相馈。野猪肉虽纤维较粗老，但腌腊制品却滋味独特，于鹿脯较之，有过之而无不及。顾彩对饮食颇有研究，他曾说道："入馔以野猪腊为上味，鹿脯次之。竹鼬即笋根，稚子以谷粉蒸食，甚美，然不恒得。"

（4）洋鱼。

"洋鱼味同鲂鱼，无刺，不假调和，自然甘美，龙溪江所产也。民间得之，不敢蒸食，犯者辄致毒蛇，贵官家则不忌。"

（5）麂。

"麂如鹿，无角而头锐，连皮食之，惜厨人不善烹饪。其生时声如鬼。"

（6）蜂蜜。

土家族人民在生活中积累了大量经验，来解决生活上的困顿与艰辛，养蜂即其中之一。蜂蜜和以苦荞，使难以下咽的粗粮也变成了佳肴。

3. 蔬果

（1）野菜。

顾彩在品尝了李姓人家所馈之野菜后，闲暇时也"同众摘野菜煮食之"，顾彩赞道"甚鲜美"，是初食的新鲜感觉，还是从人有易牙之术，不得而知。

（2）鲜笋。

二月已有鲜笋可食，且有巨细之分；农作之余，亦可"取溪中鱼虾炙之下饭"。

（3）果品。

顾老先生一路走来，亦有无数果品，"杏花满山"，"楼前桃树七八十株"，"多枇杷树，结实肥大"，"柑子曰橘子"，在祭祀之时还出现了"梅、李、榛、枣"等。

4. 饮品

（1）茶。

三月初八，路遇"茶客数人驱驴至"，后顾彩居容美土司的宜沙别墅时，有专门的"司茶者"，"篝火室隅，昼夜无熄火"。土司舍把（土官官职）热情招待顾彩时，也不忘"共踞磐石，设茶清话"，田舜年后又亲自以"新茶"相赠。三月底"改火法依古行之，春取桑柘之火，则以新火煮新茶敬客。"顾彩曾作《采茶歌》一首，描述了采茶人的辛苦劳作——"采茶去，去入云山最深处。年年常作采茶人，飞蓬双鬓衣褴褛。采茶归去不自尝，妇姑烘焙终朝忙。须臾盛得青满筐，谁其贩者湖南商。好茶得入朱门里，瀹以清泉味香美。此时谁念采茶人，曾向深山憔悴死。采茶复采茶，不如去采花。采花虽得青钱少，插向鬓边使人好。"七月初一，顾彩在返途中还提到"多茶客，抵油溪"。由此可见，清康熙年间，容美土司境内饮茶风俗甚浓，而且茶贸易也相当红火。

（2）酒。

"东田新秫熟，随意酿春酒。"表明当地制酒技术较为成熟。顾彩还对酿酒过程进行了详细描述："龙爪谷惟司中有之，似黍而红，一穗五歧，若龙舒爪。不可为饭，惟堪作酒。（以曲拌蒸，晒干收贮，买酒者籴之，入筒中，开水灌之，随用筒吸饮，已成美酒。吸完加水，味尽而止，名曰咂酒。）亦磨粉用蒸肉食，或和蜜作饼馅甚佳。"作者对此评价："蕨饭馨香咂酒甜。"

由上海人民出版社出版的《中华文化通志》对土家族的饮食生活曾有过这样的描述："土家先民擅长射虎，以渔猎而闻名。溪河交错，森林密布的环境，为渔猎提供了得天独厚的条件。"早先森林里飞禽走兽多，溪河中鱼虾成群，渔猎便是土家人的主要生活来源之一。在其经济生活中占有重要地位。对于茶饮方面，刘孝瑜先生在《土家族》一书中也说道："土家产的茶叶，不仅早已输入中原，且制茶技艺也传给汉人。"由此看来，顾彩对容美土司地区的饮食生活描写应该是可信的。由此可见，《容美纪游》不仅是汉文化与土家族社会文化交流的历史明证，也是走向历史现场的容美土司时期的土家族社会极其重要的文献史料。

（二）宴饮场景

顾彩作为司中嘉宾，受到了田舜年的礼遇。田舜年为表地主殷殷之情，时常与其宴饮，谈文论诗。通过顾彩对部分代表性宴饮场景的描述，我们可以一窥清代早期容美土司地区的饮食状况。

初次宴请顾彩是在"宜沙别墅"，"其楼曰'天成'，制度朴雅，草创始及其半。楼之下为厅事，未有门窗，垂五色罽为幔，以隔内外。是日折柬招宴，奏女优，即索余题堂联"。后三月初六"设宴于百斯庵，其弟十二郎曤如、十三郎晫如俱至。觞数行，女乐前奏丝竹。君之命也"。"十一日，会饮于行署小阁，曰'半间云'。是日烟雨迷离几案间，山俱不见。"

文中详细描述了宴饮场景。"宴客，客西向坐，主人东向坐，皆正席。肴十二簋，樽用纯金。其可笑者，于两席间横一长几，上下各设长凳一条，长二丈。晰如居首，旗鼓及诸子婿与内亲之为舍把及狎客之寄居日久者，皆来杂坐。介于宾主之间，若蔇箕形。酒饭初至，主宾拱手，众皆垂手起立，候客举箸乃坐。饭毕，一哄先散，无敢久坐者。亦有适从田间来，满胫黄泥，而与于席间，手持金杯者。其戏在主人背后，使当客面，主人莫见焉。（余至始教令开桌分坐，戏在席间，然反以为不便云。）行酒以三爵为度，先敬客，后敬主人。子进酒于父，弟进酒于兄，皆长跪，俟父兄饮毕方起。父赐子，兄赐弟，亦跪饮之。"席间还有歌舞助兴。"女优皆十七八好女郎，声色皆佳。初学吴腔，终带楚调。男优皆秦腔，反可听。"

顾彩以一位游客的身份出现在《容美纪游》中，异域景象令其惊诧不已，猎奇心理使之笔耕不辍。对宴会场面描写着墨不多，但言简意赅，重点突出，给人留下了深刻的印象。

三、《容美纪游》所反映的清代早期容美地区饮食特点

第一，烹饪原料繁多，渔猎和采集是农业生产的重要补充。书中所提到的原料不下三十种，绝大多数至今仍然是鹤峰、五峰土家族聚居区一带的美味佳肴。这些丰富的物种，满足了达官贵人穷奢极欲的饮食生活，更重要的是在饥荒中让老百姓延续了可贵的生命。"其渔者刻木一段为舟，牵巨网截江。度其中有鱼，则飞身倒跃入水，俄顷，两手各持一鱼，口中复衔一鱼，分波跳浪登舟，百无一空者。"人们在艰苦的生活中练就了一身渔猎的好本领，虽粮作收成不佳，亦可勉强度日。

第二，官民饮食生活两极分化。普通民众百姓饮食崇尚节俭，烹饪技法简单。《容美纪游》曾记述了这样一件事：当顾彩一行天晚苦觅寄宿之地时，"得民房"，虽内"鸡豕牛驴成队，而阒无主人"。正在犹豫之时，"有邻姥过篱外，问之。姥云：'只管住无妨。'"住下不久，主人归来，"见投宿人众，亦了不嗔怪，意邻姥先告之矣"。顾彩问他就不怕财物被别人偷去了吗？主人笑着回答道："深山中鬼亦无一个，谁攫者？且年成幸好，岂有贼乎？"做饭之时，主人又馈青蒜一把。顾彩惊叹："此太古风也！"在容美游历的途中，不论是土司主的刻意安排，还是偶入民家投宿，都得到了不错的礼遇，使这位大文人感慨万千、诗兴大发，留下了不少传世佳作。然而土家族人民的日常生活只是"具鸡黍及蕨粉饼饵"，极为简朴。"社会经济形态影响着价值观念的形成，农耕文化决定了土家人崇尚

朴实的生活观。"容美土司"在万山重叠之中，地处边陲，游踪罕至"，所以烹饪技艺多用"炙""煮"等简单而原始的技法。由于山区食物不易储存，有些保存食物的方法也形成了特殊的烹饪技法。"饭于过山坪，食瓶中鱼酢极美。"顾彩毫不客气地指出："笋俱极美，食至五月未已。惜司中无油盐醢酱，不善烹饪耳。"特产肉食品有野猪腊、鹿脯、竹䶄、洋鱼、麂、虎头脯、青鱼酢等，全是野味，狩猎所得。家养的牛、羊、猪、鸡、鸭等，《容美纪游》中较少见，说明容美养殖业尚在启蒙阶段。特产主粮未见玉米、甘薯、马铃薯，乾隆年间始种玉米。真正做主粮的只有大麦、荞、豆、蕨粉、葛粉，乃半农耕半采集半渔猎社会，生产方式落后于周围地区。

权贵饮食追求奢华，环境力求幽雅。作为少数民族地区的"土皇帝"，在辖内拥有生杀予夺大权。饮食生活不断向汉族的诸侯权臣学习，追求奢华。"肴十二簋，樽用纯金"，可见一斑。由于田舜年个人文化素养较高，对饮食环境也力求幽雅。不论是天成楼、百斯庵，还是行署小阁，要么清幽雅致，要么与自然景观融为一体，匠心独具。还有歌舞助兴，注重精神享受。几乎每次宴饮，皆有丝竹女优助兴。这与史书记载的田舜年喜戏剧、善作词令等描述是相符合的，显示了田舜年时期容美土司地区兼收并蓄、善于吸收外来优秀文化的特点，对推动容美土司地区文化的发展起到了重要作用。

第三，礼俗森严，等级鲜明。劳役有苦差、乐差，"如为主人搬行李衬工，乃清苦之役，或答应客，则乐差也。其尤乐者，所使来伏侍余之水火夫，除汲水取薪外，终日无他事。又余饭食所余，尽以食之，所持粮全剩而归，可养父母"。将服侍客人而得食残羹剩饭，或用以养家糊口视为"争谋之"的乐差，说明农奴生活的情状十分困苦。这一点，还有旁证，"七月初一日，……宿民家。室宇窄隘，无床榻"，农奴们不仅食不果腹，居住环境也非常恶劣。《容美纪游》中还记录了种种酷刑，更是农奴主阶级残酷压迫农奴阶级的真实记录。经济结构以农业开垦为主，辅之以采集经济，以及手工业和商业贸易都有一定的发展。道光《鹤峰州志·杂述》："彼之官，世官也；彼之民，世民也；田产子女，唯其所欲；苦乐安危，唯其所主；草菅人命如儿戏，莫敢有恣嗟叹息于其侧者。"终身为奴的命运使土民不得不听任土司的差遣调用：战时为兵，且自带干粮；平日无事则轮番赴司听役。

宴饮中，对主客的座位的安排，形制的规定，都不能任意更改。宾主之间，父子、兄弟之间等级森严，“主宾拱手，众皆垂手起立，候客举箸乃坐”，“子进酒于父，弟进酒于兄，皆长跪，俟父兄饮毕方起。父赐子，兄赐弟，亦跪饮之”。在土司制度下，人为的造成诸多的不平等，目的是为了强化长幼有序、官民有别的等级思想，保证土司权位的正常传递和土司权威的稳固。吴旭认为武陵山区容美土司的土司化在很大程度上是依靠了被外人视为原始低等的食物系统来维持的。容美土司的食物系统通过“去稻作”，“采食和定居式游耕等食物生产方式以及食物制作和餐食结构上的特有习俗，来消解稻麦的主粮地位”，“咂酒的广泛酿造和消费，家畜的喂养，不断地消耗有限的食物积累”等途径，承担了逃逸文化的主要功能，通过去食物上的“标准化”维持土司与国家的边界符号，这种边界符号后来成为土司地区鲜明的文化特色。

四、研究《容美纪游》对饮食文化研究的意义

顾彩在他的游历途中，经常提及容美地区的山珍野味，以及质朴的饮食风俗，给人留下了深刻的印象。鄂西地区由于地处“万山重叠之中”，经济文化极为落后，历史上留下的史料不够全面，顾彩的《容美纪游》无疑对研究鄂西地区古代的饮食文化有特殊重要的意义。首先，以纪游的形式，直观真实地反映了容美土司清代早期的社会经济状况，是可信的。由于顾彩《容美纪游》对容美地区社会生活的生动真实描写，曾被有关专家誉为“容美土司的断代史”。其次，补充了正史资料的不足，推动了饮食文化研究，史籍对容美及土家族地区的记录，可谓“语焉不详”。最后，推动了当地旅游事业的发展。特色饮食在旅游业中占据特殊重要地位。土家族地区历来处于欠发达状态，最近几年由于旅游事业的迅猛发展，经济呈快速上升势头，土家美食功不可没。

顾彩容美之行，转瞬已过三百余年，土司制度早已灰飞烟灭，古容美地区也发生了翻天覆地的变化，但人们的饮食习俗犹有古风，这些是土家饮食中的精华所在。质朴的食风，绿色的原料，必将更进一步推动古容美地区社会经济的快速发展。

第三章　土家族食文化

集中分布于湘鄂川黔毗邻地区的土家族具有悠久的历史,他们在长期的生产、生活过程中逐渐形成了独具特色的饮食习俗和文化传统。随着西部大开发战略的实施和旅游业的纵深发展,极具民族个性、内涵丰富的土家饮食文化日益显现出重要的人文魅力和旅游开发价值。挖掘、整理、探讨土家饮食文化中的精华,不仅富有历史文化意义,而且对于民族地区的旅游建设无疑有重大促进作用。土家族传统的"饮"和"食"也表现出了鲜明的特色。

第一节　特色食材

一、恩施小土豆

土豆,学名马铃薯,是土家族地区广为栽培的作物。恩施土家族苗族自治州是湖北省最重要的马铃薯生产区,中国南方马铃薯研究中心就建于此。资料显示,该地马铃薯常年种植面积190万亩左右,居各大作物之首;马铃薯总产量170万吨左右,占全州粮食总产量的24%左右,夏粮总产量的90%以上,已经形成了马铃薯种子培育、马铃薯生产、马铃薯加工、马铃薯产品等一条完整的产业链。2018年第六届中国食材电商节暨第四届中国餐饮业食材采购大会上"恩施土豆"被评为"湖北十大好食材"。恩施小土豆色泽黄亮,富含淀粉,香糯可口。适合与当地的腊蹄、腊排骨等食物一起炖煮,还是制作炕土豆、酸辣土豆丝、酸辣土豆片的上好原材料。

二、土家腊味

（一）腊肉

土家族的腊肉严格意义上来说应该叫"熏肉"，是土家族饮食文化中极具代表性的产物。在农历腊月，土家人将养了一年的山猪杀掉，将肉剁成条状，再找来一个大水缸，将积攒一年的橘子皮晒干，加上磨成粉的山胡椒、桂皮、松子，再放一点盐，腌上一个星期，当猪肉入味以后，就把肉条放入家中的火房。土家族家家户户都有火房，火房是瓦房，只有一个小门，没有烟囱，也没有窗户，在房中间的地上挖出一个火塘，里面放着山胡椒树、花椒树、肉桂树、马尾松或果树的树枝，上面铺一层核桃壳、花生壳或橙子皮、柚子皮等，堆在一起点燃，让火慢慢燃烧。整个房子里弥漫着浓浓的果树或香料树木的香味，多余的烟就从瓦缝里慢慢散去，猪肉在这间房子里熏上两个月以后，再挂到厨房里火灶的横梁上，顺着做饭时的灶烟慢慢熏上一个月，这样，腊肉方才做成。腊肉色泽焦黄，肉质坚实，熏香浓郁，风味独特。食用时，先用火将肉皮烧至焦黄，然后放在温水中将皮泡软，刮洗干净备用。腊肉的烹调方法比较多，不同部位的烹调方法不同，排骨、猪蹄一般用来炖制成火锅；其他部位肥瘦相间的原料一般用来与鲊广椒、蒜苗、山野菜、菜薹、莴笋、粉皮一起炒或蒸食。比较有名的腊肉菜品有小米蒸年肉、鲊广椒炒腊肉、糖年肉、蕨粑炒腊肉、腊蹄子火锅等。熏好的肉应该放在通风处，上好的腊肉可保存两至三年不变质。

（二）腊肠

土家腊肠的制作方法很有讲究，首先要选猪坐膀上的上等猪肉，外加少量的肥肉，将鲜肉切成条状，和适量的辣椒粉、食盐、五香粉、橘子皮等佐料拌在一起，然后用手反复揉搓，使佐料和精、肥肉融为一体。再将揉搓好的生肉灌入已洗好的猪肠衣中，一边灌，一边用筷子往肠子内压，要将灌进的肉压得严严实实为止。灌制完后，每 20 厘米左右处用绳子扎一个结，便于悬挂熏烤。在熏烤前先将其晾几天，才悬挂于火塘的横梁上，用柴火、锯木粉、花生壳、橘子皮等物慢慢熏烤。熏烤出来的香肠颜色成红褐色，味道极好。食用时，将红褐色的香肠丢进水中煮沸，然后取出切成片，配青辣椒，在油锅中一炒，端上桌时便有一阵浓烈的腊香袭来，食后满口留香。

（三）血饼

血饼是湘西土家族具有地域特色的美食之一。制作血粑时要先将糯米、猪血拌上食盐、辣椒粉搅拌均匀，灌入洗净的猪大肠中，用筷子捣实。土家血饼比土家腊肠每根要长、粗大许多，它在每两尺处扎成一个结，扎好后先放在锅或甑内蒸熟，冷却后才挂到火塘的横梁上，用柴火熏烤。半个月后，所灌的血肠便可以食用了。因食用时须将血肠切成片状，所以土家人习惯称之为血饼。血饼既有糯米的香绵，又有猪血的色泽，或煎或蒸，都有浓郁的米香和血香，人们食过土家血饼后，都对其味道赞不绝口。

三、鱼腥草

鱼腥草为多年生草本植物，产于我国长江流域以南各省，土家人称之为折耳根。宋苏颂《图经本草》记载："生湿地，山谷阴处亦能蔓生，叶如荞麦而肥，茎紫赤色，江左人好生食，关中谓之菹菜，叶有腥气，故俗称'鱼腥草'。"鱼腥草味辛，性寒凉，归肺经。能清热解毒、消肿疗疮、利尿除湿、清热止痢、健胃消食，用治实热、热毒、湿邪、疾热为患的肺痈、疮疡肿毒、痔疮便血、脾胃积热等。土家人一般在清明前后采集鱼腥草嫩茎，掐成小节，拌上蒜泥、酱油、醋、辣椒后食用，口感爽脆。

四、石耳

石耳，别名石木耳、岩菇、脐衣、石壁花等，土家人多称之"岩耳"，因其形似耳，且生长在悬崖峭壁阴湿石缝中而得名。石耳体扁平，呈不规则圆形，上面褐色，背面被黑色绒毛，具有养阴润肺、凉血止血、清热解毒的功效。《医林纂要》记载石耳具有补心、清胃、治肠风痔瘘、行水、解热毒功效。食用时需先用热水泡发，加入少量食盐效果更佳。泡软后轻轻揉搓，将细沙及杂质除净。气微，味淡。干时质脆，易碎，晾干后切忌揉搓、压榨，以片大、完整者为佳。制作菜肴须与鲜味原料，如土鸡、排骨、腊肉相配。口感柔滑滋润，香气浓郁。

五、山胡椒

山胡椒，别名木姜子、假死柴、野胡椒、香叶子。在土家族海拔稍高地区均有出产。作为美食的山胡椒既可以食其幼果，还可以食其花。花期过后不久，将幼嫩的山胡椒摘下来，用清水洗净，加适量的盐，腌上十多分钟，去水加酱油浸泡，一两个小时后即可食用，时间长了会由绿色变成黑色，别有一番风味。还可以在腌制山胡椒时加入新鲜小米辣、蒜泥、醋、生姜蓉等拌制食用，加入香油密封，放在冰箱，可保存一个月以上。

六、石蛙

石蛙标准名棘胸蛙，又名石蛤、石鸡、山鸡、石冻、飞鱼、石鳞、石蛤蟆、石虾蟆、石坑蛙、石乱、木槐等，是两栖纲无尾目蛙科的一种动物，土家族地区又称其为螃螃。成蛙生活于海拔 600—1500 米近山溪的岩边，适宜水温为 15—25 摄氏度。白天多隐藏于石缝或石洞中，晚间蹲在小溪岩石上或石块间，见强光后一般无逃逸现象，所以一般拿强光电筒照射进行捕捉。石蛙富含高蛋白、多种维生素和矿物质。《本草纲目》中提出石蛙"治小儿痨瘦、疳疾最良"；《中国药用动物志》载"石蛙有滋阴强壮，清凉解毒，补阴亏，驱痨瘦，化疮毒和兼补病后虚弱诸功效"。石蛙体内含有氨基酸多达 17 种，其中人体必需的 8 种氨基酸含量高。石蛙肉质细嫩，口味清鲜，适合炖汤、爆炒，是土家人款待贵客的上好食材。

七、莼菜

莼菜，又名蓴菜、马蹄菜、湖菜等，是多年生水生宿根草本植物，嫩叶可供食用。古人所谓"鲈莼之思"中的"莼"即用莼菜做的汤羹。莼菜本身没有味道，胜在口感的圆融、鲜美滑嫩，是一种珍贵的蔬菜。莼菜含有丰富的胶质蛋白、碳水化合物、脂肪、多种维生素和矿物质，莼菜叶背分泌的一种类似琼脂的黏液，含大量的多糖，能显著强化机体的免疫系统，常食莼菜具有药食两用的保健作用。莼菜的生长对水质和温度都有很高的要求，湖北西部利川及重庆市石柱县的沼泽池塘都有生长，而且还出口韩国、日本等国。湖北省利川市属云贵高原东北的延伸部分，境内四周山峦环绕，中部平坦，海拔一般在 1000～1300 米，全境地势高于相邻各县（市），是一个典型的高山悬圃，莼菜产量占全国产量的 80% 以上，被称为"中国莼菜之乡"。2004 年 12 月 23 日，原国家质检总局批准对"利川莼菜"实施原产地域产品保护。煮汤是莼菜的首选，焯水后凉拌也是土家人喜爱的烹调方法。

八、蕨菜

蕨菜又叫拳头菜、猫爪、龙头菜、老虎苔等，喜生于海拔 200～830 米山区向阳地块，多分布于稀疏针阔混交林，喜爱光照充足、湿润、凉爽的气候条件。蕨菜的食用部分是未展开的幼嫩叶芽，脆嫩爽口，可同腊肉合烹，亦可焯水凉拌。

九、阳荷

阳荷，是一种姜科多年生草本植物。它有地下茎，露出地表的花蕾可以食用，也被称为"蘘荷"，江苏、湖北、四川等省的山区居民称之为元蓸、阳霍、岩荷等，是一种香辛蔬菜。它株高可达 1.5 米，根茎白色，微有芳香味。阳荷在土家族地区海拔 300～1900 米地区广为栽培。阳荷原是野生蔬菜，经受恶劣的环境磨炼，生命极强，基本上无病虫害，基本不需要使用农药。阳荷含有多种氨基酸、蛋白质和丰富的纤维素，具有较高的药用价值。7～8 月是阳荷的出产期，将其切片，加入青辣椒爆炒，能把阳荷略带土腥的芳香味激发出来。当然，加入腊五花肉炒制，口感更加滋润。

十、香椿

香椿又名香椿芽、香桩头、大红椿树、椿天等，原产于中国，分布于长江南北的广泛地区，为楝科，落叶乔木。香椿含有丰富的蛋白质和维生素，并具浓烈的芳香气味，具有一定的食疗作用，主治外感风寒、风湿痹痛、胃痛、痢疾等。香椿一般在清明前发芽，谷雨前后就可采摘顶芽。第一次采摘的称头茬椿芽，不仅肥嫩，而且香味浓郁，质量上乘。以后根据生长情况，隔 15～20 天，采摘第二次。香椿可炒食、凉拌、油炸、干制和腌渍。富余的香椿还可以焯水后制成盐菜，虽然其清香味所剩无几，但也不失为避免浪费、延长保质期的好方法。

十一、葛仙米

葛仙米，俗称天仙米、天仙菜、珍珠菜、水木耳、田木耳。葛仙米没有根、茎、叶，漂浮在水中，实际上是一种呈胶质状的藻类植物。湿润时呈绿色，干燥后呈灰黑色，附生于水中的沙石间或阴湿的泥土上。湖北鹤峰的走马坪镇是著名的葛仙米产区。乾隆《鹤峰县志》记载："葛仙米，出产距州城（鹤峰原为州治）百余里，大岩关外水田内，遍地皆生。"葛仙米含有人体必需的多种氨基酸及多糖等活性物质，具有清火、明目、抗衰老、抗感染等治疗功效。相传东晋时道人葛洪在隐居南土时，灾荒之年采以为食，偶获健体之功能。后来葛洪入朝以此献给皇上，体弱太子食后病除体壮，皇上为感谢葛洪之功，遂将"天仙米"赐名"葛仙米"，沿称至今。清代文学家、美食家袁枚在其《随园食单》中记载："将米细捡淘净，煮半烂，用鸡汤、火腿汤煨。临上时，要只见米，不见鸡肉、火腿搀和才佳。"清代赵学敏所撰《本草纲目拾遗》记载："生湖广沿溪山穴中石上，遇大雨冲开穴口，此米随流而出，土人捞取，初取时如小鲜木耳，紫绿色，以醋拌之，肥脆可食，土名天仙菜，干则名天仙米，亦名葛仙米。以水浸之，与肉同煮，作木耳味。"

十二、宝塔菜

宝塔菜，亦称甘露子、草石蚕、地牯牛、地环，形似毛毛虫或幼蚕，属唇形科多年生宿根植物。地下根茎呈现螺旋形，脆嫩无纤维。本品原产地为中国，栽培于近水低湿地，分布于各地，尤以武陵山品质最优。宝塔菜有解毒利湿、补虚健脾的功效，既可以煲汤、干炸，还可腌制酱菜。

十三、鱼鲜类食材

（一）大鲵

大鲵俗称娃娃鱼，国家二级保护动物。头部扁平、钝圆，口大，体两侧有明显的肤褶，四肢短扁，前肢四指，后肢五趾，具微蹼。尾圆形，尾上下有鳍状物，属两栖动物，外形似蜥蜴，但更肥壮扁平。大鲵幼小时用鳃呼吸，长大后用肺呼吸。大鲵栖息于武陵山、大巴山等山区的溪流之中，生活环境要求水质清澈、阴冷湿润。体表光滑无鳞，一般多呈灰褐色，但有各种斑纹，布满黏液，身体腹面颜色浅淡，以其他沉积的有机物质、水生昆虫、鱼、蟹、虾、蛙等为食。经过人工培育的子二代在土家族地区广为养殖，一般经宰杀之后，用沸水烫洗，刮去黏液，剁成小块之后炖汤或红烧食用。

（二）黄腊丁

黄腊丁即黄颡鱼，又称黄骨头、黄骨鱼等。体长，腹平，体后部稍侧扁。头大且平扁，吻圆钝，口大，眼小。须4对，无鳞。背鳍和胸鳍均具发达的硬刺，体青黄色，大多数种具不规则的褐色斑纹；各鳍灰黑带黄色。一般白天潜伏于水体底层，夜间浮游至水上层觅食，冬季多聚在支流深水处。幼鱼主要食浮游动物和水生昆虫的幼虫，成鱼以小鱼和无脊椎动物为食。黄颡鱼类的背鳍刺和胸鳍刺有毒，宰杀时要小心。黄腊丁形体较小，一般整条食用，多红烧，或用酸菜炖煮。

（三）杨鱼

杨鱼学名吻鮈，俗称麻杆、秋子、长鼻白杨鱼、洋鱼。体细长，前段圆筒状，后部细长而略侧扁，腹部稍平。头尖，呈锥形，其体长远大于体高，吻尖长，显著向前突出。口下位，呈马蹄形。唇厚，无乳突，主要以底栖的无脊椎动物为食，如摇蚊幼虫、水生昆虫等，也食少量藻类。肉质肥美，清汤煮制，回味无穷。

（四）油鱼

油鱼学名异华鲮，俗称油鱼、油桶鱼等。体较粗壮，腹圆背弓，头小，吻略尖，口下位，弧形。吻皮下包，盖住上颌，有须两对，吻须粗长，颌须细短。眼小，眼间隆起。鳞中等大，背鳍基部短，无硬刺。尾鳍开叉，体灰黑色，腹部乳白，背鳍及尾鳍略灰。油鱼栖息于江河上游砾石底的缓流处，以着生藻类为食。鱼肉肌间脂肪丰富，肉质细嫩，或煎或煮，味道鲜美。

除此之外，银飘鱼、老实鱼、白家鱼、河虾等也是土家族地区常见的鱼鲜食材。

十四、淀粉类食材

（一）葛粉

葛粉是葛根淀粉。葛根即葛藤之块根，富含淀粉及多种功能性成分。葛藤是粗壮藤本，长可达 8 米，全体被黄色长硬毛，茎基部木质，有粗厚的块状根。生于山坡草丛中或路旁及较阴湿的地方，或生于海拔 1000～3200 米的山沟林中。《本草经疏》记载："葛根，解散阳明温病热邪主要药也，故主消渴，身大热，热壅胸膈作呕吐。发散而升，风药之性也，故主诸痹。"2010 年版《中华人民共和国药典》也认为葛根具有解肌退热、生津止渴、透疹、升阳止泻、通经活络、解酒毒的功效。葛根全身都是宝，药用和食用价值都很高，素有"亚洲人参"的美誉。将葛粉用温水调和后，注入沸水，加入蜂蜜，即可制作成晶莹剔透的葛粉糊；也可煎成饼后切块与肉合炒，加入适量油脂，口感更佳。

（二）蕨根粉

蕨根粉是从野生蕨菜的根里提炼出来的淀粉，由蕨菜根部洗涤、捣碎、过滤、晒干而成，保留了蕨菜根里的大部分营养，对人体有较好的保健作用。《本草纲目》载："蕨根祛热解毒，利尿道，令人睡，补五脏不足。"一般将蕨根粉加工成粉丝，焯水后凉拌，调成酸辣味，或作为火锅菜品。

（三）土豆粉、红薯粉

土豆粉、红薯粉分别是从马铃薯、甘薯中提炼出来的淀粉。土豆淀粉糊化的温度更低，可加入温水调和后，用沸水冲成糊状，加入白砂糖或蜂蜜直接食用，是孩童喜欢的零食。土豆粉、红薯粉经常被加工成粉丝，经泡发后，凉拌或作为火锅菜品；还可将其温水化匀后，摊成饼，切成小块后加入腊肉炒制。

十五、泡菜

恩施人家家户户都会制作泡菜。制作方法是将需要泡制的蔬菜洗干净放入坛中，加入泡菜水封闭浸泡，一般三四天后菜即酸，捞起后可生吃，也可与其他菜拌炒。酸甜泡菜吃到嘴中满口生津，味道鲜美。泡菜水的做法是将开水冷却后加入花椒、盐、木瓜果、红糖、胡椒等，最好能用一点陈年老酸水做引子，将坛封闭，一个星期后水即发酸。泡菜水年代越久，泡出的酸菜味道越鲜。泡菜大多是用白菜、包菜、大蒜、萝卜、嫩姜、红辣椒、芋荷梗、蒜薹等制成，酸甜爽口，回味无穷，是佐餐佳品。在烹制野味、干烧牛肉的时候，加入一点泡辣椒或泡萝卜，更是无上妙品。老酸水是土家人的传家宝，不仅能制作开胃小菜，遇到感冒、胃部不适的情况，喝上一小碗老酸水，往往能"水到病除"。

十六、盐菜

盐菜，也称腌菜，是土家山区人民利用食盐的强渗透性，长时间保存蔬菜的方法，是腌制大头菜、萝卜菜、椿芽菜、香芹菜等蔬菜的统称。先将蔬菜洗净晾干，加入食盐腌渍，并放在容器中用重物压住 10～15 日，然后拿出，晾干水分，放在密闭的坛中"伏制"。盐菜垫底蒸制扣肉，或加入五花肉炒制，或单纯炒制后做佐餐小菜，都是不错的选择。

十七、干制品

蔬菜的季节性很强，过去为弥补越冬菜肴的不足，土家人将豆角、萝卜、甘薯、茄子、莴笋、山笋等晒干备用，如今成了具有地方特色的好食材。食用之前，先用温水泡发，洗净沥干水分，与富含脂肪的动物性原料合烹，口感最好。

十八、大豆制品

大豆被誉为"植物肉"，富含蛋白质和人体所需的氨基酸。土家人利用当地优质黄豆，创造出诸多豆制品，如豆腐、豆干、豆油皮、豆棍、豆花、腐乳、合渣、豆酱等。当地民谚云："黄豆是个怪，七十二样菜。"豆干主要以优质地产大豆、山泉水和若干种天然香料为原料，经过水洗、浸泡、碾磨、过滤、滚浆、烧煮、包扎、压榨、烘烤、卤制、密封等十几道独特工序加工而成。大豆制品中以柏杨豆干、巴东豆干、石柱倒流水豆腐干等最为知名。

十九、野生菌类

盛夏短时暴雨之后，在茂密的森林中，就会出现种类繁多的蘑菇，土家人称为菌子。牛肝菌、枞树菌、干巴菌、鸡枞、奶浆菌、黄丝菌、大脚菌等是人们经常食用的菌类，口味极为清鲜，是氽汤的绝佳原料，俗语称："一朵菌子九碗汤。"炒食也是不错的吃法，新鲜蘑菇不耐储存，将其晒干收纳，香味更加醇厚。野生菌中有大量有毒品种，需要谨慎挑选，合理烹调。

二十、果品

（一）猕猴桃

野生猕猴桃在土家族地区广泛分布，奇异果就是猕猴桃经人工选育后的一个品种。李时珍在《本草纲目》中记载："其形如梨，其色如桃，而猕猴喜食，故有诸名。"野生猕猴桃富含丰富维生素 C，可以抗氧化、抗衰老，被誉为"水果之王"。中国是猕猴桃的原产地，世界猕猴桃原产地在宜昌市夷陵区雾渡河镇。猕猴桃耐贮性强，经采摘后的鲜果常温下 15 天后个别软化；若收储得当，可保存一个月以上。

（二）茶苞

土家人称之为茶泡儿，实际上是油茶树的果实，即茶子异常生长之后形成的变态体，培育茶树时一般会去掉。但由于其特殊口味，被人们保留下来，成为孩童们喜欢的特殊果实。茶苞形状、大小近似桃，幼时色绿，味苦涩，当茶苞表面开始蜕皮，变成了乳白色，甚至微带红色、肥胖饱满、表皮光滑发亮时，果肉厚，味甜，嚼起来松脆爽口。

（三）八月炸

八月炸是一种野生的果子，一般在八月份成熟后裂开，所以被称为八月炸、八月瓜或八月果，又叫牛腰子果、狗腰子、通草果等。八月炸为常绿木质藤本植物，茎、枝具有较为明显的线纹。果形似香蕉，富含糖、维生素和氨基酸。果味香甜，为无污染的绿色食品，有"土香蕉"之称。八月炸刚长出时果皮颜色暗绿，逐渐出现褐色的斑点，成熟时就完全变成浅褐色了。成熟的八月炸裂开后露出白色的果实，果实里有黑色的种子。没成熟的八月炸味道又苦又涩，成熟的八月炸味道很像香蕉，清香美味，回味无穷。

土家族地区常见的果品中还有柚子、柑橘、梨子、桃、杏、李、西瓜、枣、柿子、樱桃、枇杷、刺梨等，干果有花生、葵花籽、南瓜子、板栗、核桃、榛子、白果等。

二十一、辣椒及辛香料

辣椒，当地人也叫辣子、海椒，是土家人食不可少的家常菜。俗语有"辣椒当盐"的说法。《龙山县志》曰："土人于五味，喜食辛蔬，有茄椒一种，俗称辣椒，每食不离此物。"由此可见，辣椒已成了土家人饮食中不可或缺的重要食物原料和调料。夏秋多食鲜辣椒。除当作佐料外，单食的有将辣椒切细（或条）炒熟的"炒辣"，有裹食盐吃的"生辣"，有用火烤熟加盐擂红的"烧辣"，有用锅炒熟捣成糊的"糊辣"，有将辣椒炒熟但不捣细的"鱼儿辣"，有加工成粉末后用油酥成的"油炸辣"，有用鲜辣子灌糯米后腌酸的"糯米辣"等。土家人喜吃辣子菜，是因受高山气候条件影响所形成的习惯。土家人还食用腌辣椒（用蒜蓉、豆瓣酱等调料腌渍）、泡辣椒（用酸水泡制青、红辣椒）、炕辣椒（将铁锅烧红后直接放入辣椒，不断翻炒，待其蔫萎后放入食盐、味精、醋等调味）等，还可将其与其他食物原料一起，制作花样繁多的肴馔——鲊广椒、糟辣椒、酸辣子、酱辣子等。土家族的情歌中亦唱道："要吃辣子不怕辣，要恋乖姐不怕杀，刀子搁在肩颈上，脑壳落地也尽他！"反映了土家人的强悍性格和吃辣子的嗜好。土家人无论制作何种菜肴，都加佐料，尤以辣椒为最，除"鸡不辣鸭不酱"外，凡菜皆有辣椒。此外，还有花椒、葱、姜、蒜、川芎、八角香、桂皮、胡椒、木姜花、野芹菜、山花椒、香叶等佐料。

二十二、常见野菜

土家族地区植被丰富，野菜众多。除上述蕨菜、鱼腥草、香椿等，还有地木耳、马齿苋、枸杞头、香蒿、地菜、野葱、野蒜、苦苦菜、灰灰菜、甜甜菜、鸭脚板、蒲公英、车前草、野芹菜等。野菜健康绿色，是土家族地区发展很好的旅游特色饮食之一。野菜虽好，但还需要在不破坏自然环境的前提下做好饮食卫生安全方面的工作。首先，要仔细甄别野菜品种，不能确认品种的千万不要冒险食用。其次，洗净后的野菜须先放在清水中浸泡1～2个小时，在烹饪时还要用沸水焯一下，去除毒性或苦涩异味。大多数野菜纤维素较多，适宜与富含脂肪的肉菜合烹，或直接用动物性脂肪炒制。最后，大多野菜味苦性凉，有解毒败火的功效，但体质虚寒的人群不宜多食。

二十三、豉酱类调味食材

豆豉既能调味，又是土家美味制作的重要辅料。选用粒大、饱满、无虫斑的正宗优质大黄豆，先用清水洗净后浸泡一至两天时间，将涨发好的黄豆倒入洗净的大锅中，加水煮至八分熟，捞出后将黄豆沥干摊凉，装进铺有干净黄精树枝的笋筐中，在阴暗、湿热的环境中使其霉变。利用毛霉、曲霉或者细菌蛋白酶的作用，分解大豆蛋白质。大约半月后将发酵好的黄豆，浇上适量的苞谷酒后，拌上盐、味精、辣椒粉、花椒粉、姜末、蒜泥、橘皮、木浆籽粉等佐料。如果要做"干豆豉"的话，就用器具铺开，晒（晾）干即可；如果要做"阴豆豉"（有的地方叫水豆豉），那就将拌好佐料的豆豉装入坛中，封坛，持续发酵，一个月后就可开坛食用。豆豉既是拌饭佳品，也可用于菜品调味。

豆、谷类原料在酵母、霉菌等有益菌的作用下，使食物易于消化，而且发酵出诱发鲜味的氨基酸，功能性物质有预防动脉粥样硬化、降低血压、参与维生素 K 合成、防止骨质疏松症发生之功效。豆瓣酱是土家族地区最常见的调味品，是由各种微生物相互作用于豆制品，产生复杂生化反应而酿造出来的一种红褐色发酵调味料，它是以黄豆或蚕豆和面粉为主要原料。同时，又根据消费者的不同口味，在生产中配制了香油、豆油、味精、辣椒等原料，而增加了豆瓣酱的品种。湖南慈溪的豆瓣酱远近闻名。

土家族人还习惯于做麦子酱。将小麦脱壳，煮熟发酵，晒干后，磨成粉末，而后加凉开水调成糊酱，加入姜、蒜等佐料，入坛密封。白天在日光下暴晒，夜晚在月光下受露，叫"日晒夜露"，待晒成红色，香味扑鼻时即可食用。食用时与鲜辣椒合炒，便是一道美味。

住在山寨的土家族人，一到冬春季节，最喜欢做霉豆腐食用，因为这个时节做的霉豆腐才容易保存，不变质。其做法是：用老一点的豆腐，经过压实后，好切且不易碎，然后把豆腐切成长宽 2 厘米的小块，再均匀将豆腐块置于放入草把的木桶内，放一层草后再放一层豆腐，最上层用棉被或衣物遮盖保温，待豆腐长出寸长的白霉后取出，拌入食盐、辣椒粉、五香粉、花椒粉,最后用凉开水浸泡一段时间后即可食用。如果需长时间存放,则须用白酒或植物油浸泡,这样可以存放长达两三年。

二十四、昆虫类食物

昆虫数量庞大,蛋白质含量高、品质优,是人类蛋白质重要的来源之一。土家族地区山高林密,出产大量可食用昆虫。土家人的昆虫食品以蜂蛹、蚕蛹为主,对竹虫、知了、蚂蚁、水蜈蚣(又名水夹子,是龙虱的幼虫)等昆虫也颇感兴趣,烹饪方法以炸制为主,口感酥松,香气浓郁。

二十五、野生动物

渔猎一直是土家先民重要的谋生手段,丛林中的野生动物也为土家族先民带来了难得的肉食。古代甚至会捕食老虎、狗熊等大型猛兽,小型动物更是不胜枚举,弓箭射杀、陷阱、下套、"赶仗"围猎等是经常使用的捕猎方法。如今,随着生态保护意识的提升,不少动物被列入保护动物名单,以捕猎为生的土家人已退出历史舞台。但在少数地区,还会通过人工养殖等方式,获取一些常见的野生动物,烹调方法以干烧为主,调制成麻辣味型等食用。

第二节　主食类食物

宋代以前,施州产粟,土家人以粟和燕麦为主食,富农亦有食稻米的。据清同治增修《施南府志》记载:"谷品:六谷俱有。包谷(《本草》名玉蜀黍,施人呼包谷,山居以为正粮)。……香稻(出利川)。旱稻。按《六书故》:稻性宜水,亦有陆种者,谓之陆稻。记曰:煎醢加于陆稻上,是也,施俗谓之旱稻。……洋芋,生高山,一年实,大常芋数倍,食之无味,且不宜人,山民聊以备荒。……薯有数种,其味甚甘,山地多种之,清明下种,雨后翦藤插之,霜降后收,掘窖藏之,可作来年数月之粮。又有白薯,俗呼脚板薯,盖山药之类。"如今,稻米成为土家人的主食,杂以麦类、玉米、甘薯、豆类、马铃薯等杂粮。

一、米面制品

如今绝大部分土家族地区均以大米为主食。土家族地区山川陡峭，土地贫瘠，水稻种植异常艰难。旧时，大米非常珍贵，一般只有逢年过节等特殊日子才偶尔食用。当地民谣有云："好玩不过鹤峰州，包谷洋芋是对头。要想吃碗大米饭，八月十五过中秋。"除大米之外，还有许多品种的米制品。土家儿女订婚时所需的粑粑、馓饭的制作就离不开稻米。清乾隆《辰州府志·风俗》卷十四载："满月之日女归家，曰住满月。回日必具米粢遗之，聘礼、嫁奁厚薄，视其亲家贫富。"土家有其独特的粑俗，品种多——糍粑、粉粑、包谷粑、荞麦粑等；用途广泛——过年要吃糍粑，结婚聘礼要用大糍粑以显示家底殷实；家庭兴建楼宇，上梁要做上梁粑，以祈福避邪等。

（一）社饭

土家农历二月初二是社日，传说这一天是土地老爷的生日。每到这一天，古时候的土家人们便携带社饭到土地庙举炊，以示为土地老爷祝寿，因而社饭的制作特别讲究。

制作社饭要求在社日的清晨，从山中采下新鲜的社蒿（一种特殊的蒿，叶似嫩艾叶）嫩叶和野蒜、胡葱，洗净后剁碎。选用本地上好的五香豆干、腊肉切丁，将加工好的野蒜、胡葱、社蒿、豆干丁、腊肉丁等炒香备用。另将糯米和粳米（按 3：1 的比例配好）洗净，加水略煮，篦去米汤，拌入备好的各种辅料，文火焖制半小时即可。社饭是一种时令饭食，社蒿、野蒜、胡葱的清香，夹杂着腊肉丁、五香豆干的醇厚香味，油润爽口，食之回味无穷。

土家族地区山野中有无数的野菜，在春天野蛮生长，在玉米或米饭中加入野菜，不仅丰富了口味，也帮助土家人在最艰难的时日里度过了饥荒。

（二）糍粑

土家族的糍粑制作方法与其他地区别无二样：先将糯米蒸熟，然后放入石槽中反复捶打，之后做成大小不等的糍粑。或是将蒸熟的糯米放入臼窝由两人轮流捶捣，一棒杵下去，黏稠的米团粘住木棒，另一人迅速扯下来，再扔进臼窝。千捶百碾过后，取出樟树等杂木特制的印花模子，洒一点土豆淀粉，压制一个粑粑。通风晾干，再用水将糍粑浸泡，可保其半年不腐。土家族人们将糍粑融入他们的生活之中，逢年过节，婚丧嫁娶，无不显现出挥之不去的糍粑情结。在鄂西鹤峰一带，在端午前后还有制作印花粑粑的习俗。糯米粑粑印上"福"字、"喜"字，或"梅花""鱼纹"等图案，更有节日氛围。

（三）团馓

团馓是土家族人们喜爱的食物之一。它是一种糯米制品，一般是将上等的糯米洗净蒸熟，用印模将蒸熟的糯米制成大小不同的糯米饼，然后把糯米饼直接放到太阳下晒干，并用毛笔蘸上食用色素在饼上画上吉祥图案或文字。平时将其密闭储存，需要时便拿出泡松炸制，香甜酥脆，口感极佳。

（四）土家烧饼

土家烧饼，又被称为中式披萨，当地人也称之为"鞋底板"，是说烧饼外形酷似鞋底。土家烧饼采用中精面粉，老面发酵，发酵的面饼刷上肉酱，放入烤箱中烘烤（以前使用的是铁桶烤炉）。焦香烧饼，刷上黄豆酱，抹上红油辣椒，让人齿颊留香。早些年"土家掉渣烧饼"盛极一时，当时大街小巷排着长队，男女老少拿着牛皮纸袋啃烧饼的情形，应该是对土家烧饼最好的肯定。

（五）炒米

土家族的炒米，即爆花米。将糯米蒸熟放凉晒干后，用细砂石在铁锅中炒爆炸花而成；食用时除用开水冲食外，也可以拌入苞谷糖或薯糖，做成饼糕炒米糖。

土家族人的副食品，还有绿豆粉、米粉、五香豆腐、米豆腐、红薯糖、苞谷糖等各种"小吃"。在电影《芙蓉镇》里，刘晓庆卖的米豆腐，就是土家族特有的"小吃"之一。

二、杂粮

玉米、马铃薯、甘薯这三种杂粮作为土家族的主食，拥有相当长的历史。这三种杂粮有一个共同点，即都比较适合山区种植，而且相对高产。

另外，这些富含淀粉的杂粮，为土家族人民提供了足够的劳动能量。土家族民风剽悍，身强力壮，即使在土司的残酷剥削下，仍然能适应亦兵亦农的高强度生活。运用这三种杂粮可以制做许多种美味的食物——金银饭（玉米与煮熟的大米混合后一起蒸制成的饭）、地瓜干（甘薯条）、炸土豆片、炕土豆、烤甘薯等，如今仍然是土家族地区人民重要的食品。除此之外，荞麦、萱谷、赤豆、绿豆等也是土家族地区常见的杂粮。历史上，为补充细粮的不足或改善粗粮的口感，将粗细粮混合，将杂粮制成细粮，是土家人主食的一大特色。

（一）金包银

为了勤俭地过日子，永顺、龙山、来凤、鹤峰等地的土家人多把米和苞谷掺在一起吃，即先把少量的米煮至半熟，再拌上苞谷粉煮熟，既香甜又耐饿。米是白色的，玉米粉是金黄的，所以叫"金包银"，又叫"蓑衣饭"。

（二）苞谷粑粑

"绿衣服，黄面面，中间藏着小点点。咬一口，喷喷香，魂牵梦绕是故乡。"这是流传在恩施市白杨坪镇的一段话，说的就是苞谷粑粑。苞谷粑粑的主要原料是玉米，还可以在玉米浆中加米浆、葡萄干和白砂糖。新鲜的玉米粉加水搅匀备用，再用准备好的"老面"与苞谷面混合发酵3小时，加适量白糖搅拌均匀，放置半小时左右，然后用准备好的桐子树叶（也可用蓼叶、芭蕉叶）一个一个包成三角形状，放到蒸笼上蒸，几分钟就可以"出格"了。

（三）炕土豆

炕土豆一定要选用恩施当地出产的新鲜的、直径大小在3～4厘米的小土豆，洗净后在冷水中煮至六七成熟时捞起，去皮，待水分沥干后倒入平底铁锅，用菜籽油文火煎制，煎制过程中加入蒜泥、姜末、干辣椒、花椒爆香，直至通体金黄，最后撒上白芝麻、香菜和香葱段即可盛盘上桌。成品外酥内嫩，糯而爽口。炕土豆既可做主食，又可做早餐或零食，香辣开胃，充饥止饿。

（四）土豆饭

高山多产玉米、豆类，所以土家人除米饭外，以苞谷饭最为常见，也吃豆饭，将绿豆、豌豆掺在饭中，或蒸或煮。土豆饭就是将洗净切片的土豆放油盐炒香后，盖上已经半熟的米饭，水适量，用木柴大火烘干，小火煮至香，有的在饭上面放少许酸鲊肉，香味更浓。

（五）麦子粑

一般在头天晚上将早就预备好的"粑娘"（也有叫"粑告子"的，大约与老面差不多）加少许麦粉和好，放在一个小钵中发酵。待钵中有气泡产生时，再倒进大盆中，加入大量的面粉和相应的水及糖精，反复用力搓揉，等搓到盆中的面粉充分胀发时，迅速用手将面团搓成鸡蛋大小，逐个放到事先摊好的"粑叶"托上，讲究点的人家还会在上面撒点黑芝麻当作装饰。

（六）苦荞粑粑

苦荞是我国云贵川红土高原和北方黄土高原地区广为种植的一种作物，因为其能够在贫瘠的土地里顽强生长。在曾经苦涩的岁月里，苦荞是生活中不可或缺的粮种。苦荞连株割下来背回家，经过捶打、去杂、筛整、晒干等系列环节之后，可进行储藏。待食用时，先用大石磨将苦荞碾压脱壳，筛整成苦荞面，再用小石磨磨成面浆后进行发酵。然后烧好灶火，把发酵好的苦荞面放入蒸笼里用大火蒸，不一会儿，蒸汽升腾，满屋清香。在大鱼大肉的席间，常常会呈上一盘刚刚蒸好的苦荞粑粑，厨师一般会把圆形的苦荞粑粑十字切开，分为四块，露出切面，可以看到发酵蒸熟后的细小孔洞如海绵状，趁热品尝，荞香四溢，满口生香。

（七）油香

武陵山区土家族人民又称油香为油香粑、油粑粑、油层儿，是土家族独特的风味小吃，多用作早点。多数油香呈圆形，深黄色，清香可口。土家族人民在过年时，都会炸油香。将黄豆和米按照比例搭配泡好，然后磨成浆，加入葱、蒜、盐、花椒等调料，搅拌均匀，然后将菜油加温到一定程度，把搅拌均匀的浆舀入油香模具（当地人称提子）里面，放入油中炸到一定程度，再将其从油香模具里面倒出来，炸熟即可食用。在一些土家族聚居区，一年四季均可看到卖油香的摊点。浆料中放入豌豆或红薯丁、豆豉、豆腐粒、肉末、腌菜、泡菜、渣辣椒等，更是别有一番风味。

第三节　特色菜肴

土家族多居住在山地，大自然赐予了很多山野蔬菜和动物野味，这自然是难得的口福。但山区气候温暖潮湿，食物的长时间保存确实是一个极大的考验。土家人通过熏、腌、鲊等方法，不仅保存了食物，还做出了特色鲜明的美食。

一、熏制食物

（一）腊肉

1. 干土豆炖腊肉

干土豆一般是使用直径 2~4 厘米的小土豆，煮熟后剥皮，视其大小进行刀工处理（较大的从中间剖开），将其晒干备用。另将腊肉洗净后剁成 3 厘米见方的小块，加入辣椒、花椒、陈皮、红枣，与用水浸泡过的干土豆等一起炖煮。煮熟的干土豆味似板栗，香甜可口，可解腊肉之油腻。若使用腊猪蹄，效果更佳。

2. 腊肉炒野菌

选取带皮五花腊肉，用火将表皮烧焦，再用淘米水洗净，煮熟的腊肉切成片状备用。葱姜炝锅，把五花腊肉用水焖制 5 分钟，将肉的油稍微煸炒出来之后放入洗净的新鲜野生菌，加盐、豆酱、酱油翻炒出锅即可。

（二）土家香肠

土家香肠一般都要用烟熏制，所以又叫腊肠。既是风味名吃，也是款待贵客的佳肴。土家香肠在腊月制作，选年猪坐臀肉外加少量的肥肉，切成条状，加入适量的辣椒粉、食盐、花椒、生姜、大蒜、五香粉（也有人选用十三香）等佐料搅拌和匀，灌入已洗好的猪肠衣中，一边灌，一边用筷子往肠衣内捣压，要将灌进的肉压得严严实实为止。灌完后，每 20 厘米左右处用绳子扎一个结，便于悬挂熏烤。熏烤两三天待水分干燥后，用牙签扎孔，再悬挂于火塘的横梁上，用柴火、锯木粉、花生壳、橘子皮等物慢慢熏烤，熏烤出来的香肠色如丹红，香味浓郁。可切片后蒸制装盘，蘸汁直接食用，也可以和辣椒同炒食用。

（三）猪血粑

猪血粑，也叫猪血丸子、血粑豆腐，主要原料是豆腐和猪血，把豆腐捏碎，再将新鲜猪肉切成肉丁，拌以适量猪血、盐、辣椒粉、五香粉，以及少许香油，搅拌匀后，做成馒头大小椭圆形状的丸子，放在太阳下晒几天，再挂在柴火灶上用糠皮、谷壳烟火熏干，烟熏的时间越长，腊香味越浓。可煮熟后切成片食用，是宴客时一道开胃的冷盘。

二、鲊制食物

（一）鲊广椒

鲊广椒也称鲊辣椒。"鲊"是土家族饮食中较为特殊的一种烹饪方法，是在剁细的红辣椒中掺入玉米面，然后加入蒜蓉、姜粒、花椒及桂皮等香料，拌入比平常口味稍重的食盐——所谓"盐多不坏鲊"，盐量太少，不足以抑制有害微生物的生长。将拌制好的半成品放入坛中，按实压紧，用桐麻叶或塑料薄膜封口，倒扣在盐水盆中。一个月之后，香辣且略带酸味的鲊广椒就做成了。鲊广椒炒腊肉，即选用上等的带皮坐臀肉，切成大片，放入炒锅中，加入少量水，稍加焖制。待水分挥发完毕，加入少量菜籽油，析出肉中多余脂肪，之后加入适量的鲊广椒调味，反复炒制，直至鲊广椒中的玉米面油亮剔透，即可出锅装盘。浓浓的腊肉熏香和着淡雅的玉米清香，咸鲜微酸，酸中带辣，令人食用后回味无穷。

（二）鲊肥肠

将猪大肠洗净，投进放有料酒的水中焯水，滤干水分，切成小段。用盐和玉米面拌匀，再埋进鲊辣椒坛子中，10天左右就可制成风味独特的鲊肥肠，两个月后风味更佳。鲊肥肠的食用方法较多，可以煮，可以炒，也可以蒸。

（三）鲊肉

将新鲜的猪肉洗净切片，用盐渍一下，滤干水分，先用米粉或玉米面拌匀，再埋进鲊辣椒坛子中，约10天左右就变成了风味鲊肉。食用时，将鲊肉放进锅中用少许水慢慢蒸熟，取出煎至出油，佐以姜、蒜、花椒，起锅时撒上一撮香葱装盘，口感香辣微酸，格外开胃。

三、腌泡食物

先把一个密封的大肚坛子洗干净，晾干水分，备用。取山泉水 10 千克放入坛中，加入海盐、淘米水、老酸水、红糖等，静置一个礼拜。然后投入需要腌泡的食材。泡菜制作的关键在于乳酸菌发酵，吃的时候拌上红油辣子和土家香粉即可。

四、炖煮食物

（一）合渣

合渣是一种以黄豆为主料的蔬菜汤。合渣的制作步骤是先将黄豆浸泡约 24 小时，磨成水浆。食用时将水浆煮沸，加入切细的绿叶蔬菜，煮熟即可。根据自己的口味可拌入辣椒、花椒等，也可与蒸熟的玉米面、甘薯、土豆一起食用。近来，一些地区的土家人在磨制合渣时，加入适量的鸡茸，制作成更加鲜香有营养的"鸡合渣"。黄豆素有"豆中之王"之称，被称为"植物肉"。干黄豆中约含 40％高品质的蛋白质，为众多粮食中蛋白质含量之冠。黄豆加工后的各种豆制品，不但蛋白质含量高，并含有多种人体不能合成而又必需的氨基酸，可以提高人体免疫力；黄豆中的卵磷脂可除掉附在血管壁上的胆固醇，防止血管硬化，预防心血管疾病，保护心脏；大豆异黄酮是一种结构与雌激素相似，具有雌激素活性的植物性雌激素，能够减轻女性更年期综合征症状，延迟女性细胞衰老，使皮肤保持弹性、养颜、减少骨丢失，促进骨生成、降血脂等。合渣这道菜肴，完整地保留了黄豆的营养价值，成为土家族地区受人喜爱的肴馔。宣恩的"张关合渣"因其豆香浓郁、口感细腻、善于创新，而名气最盛。

（二）利川莼菜汤

昔日西湖的莼菜羹享誉大江南北，如今利川的莼菜汤享誉海内外。莼菜为水生植物，受水质的影响非常大。土家族地区工业不发达，因而受到的污染相对来说比较少。利川莼菜以其滑爽的口感、丰富的营养、天然无污染等优良品质，受到国内外消费者的喜爱。莼菜汤的制作方法较为简单，熬制好的鸡汤煮沸后投入新鲜莼菜，经调味后即可出锅。利川莼菜汤滑嫩爽口、滋补健身，是汤中上品。

五、蒸制食物

(一) 扣肉

扣肉是土家人年节宴席中不可或缺的"大菜"。将五花肉带皮的一面放在炉火上烧至表皮焦黑，然后放入水中刮洗干净，煮至断生，捞起沥干，将蜂蜜均匀地涂在肉皮上，将涂有蜂蜜的肉皮一面放入热油中炸，直至肉皮起皱，将五花肉切成片后整齐地码放在碗中，肉皮要贴碗底放，用调好味的豆豉、盐菜或鲊辣椒置于五花肉上，放入蒸锅。半小时后拿出，将碗中肉倒扣在盘子中，这道菜就算做好了。

(二) 蒸肉

蒸肉在土家族地区广泛食用，其中以长阳的大格蒸肉较为有名。猪肉放盐、姜蒜末、花椒粉、辣椒面、土家豆瓣酱搅拌均匀，腌制 10 分钟，再加入玉米面混合均匀。南瓜加入玉米面，混合均匀。土家大蒸格洗干净，铺上洗净的芭蕉叶。锅里放水，淹过蒸格底部，然后把拌好的蒸肉盛进专用蒸格，大火蒸制半个小时即可，其香气浓郁，口感软糯。同样的制作方法，还可以放入杂骨或排骨蒸制。

六、凉拌食物

(一) 神仙豆腐

神仙豆腐产自咸丰一带，其选材特殊，需用当地的斑鸠柞（属马鞭草科植物，茎干似荆条）叶片。首先要摘下斑鸠柞叶片洗净，加入沸水浸泡，放在盆中用手揉成糊浆后过滤，点入适量澄清后的草木灰水搅匀，片刻，便神奇地成了一盆晶莹剔透似绿宝石的"豆腐"。而后，用菜刀横竖划成方块，浸入冰凉的山泉水里，拌上蒜泥、辣椒和其他佐料，清凉酸辣，十分爽口。

(二) 米豆腐

米豆腐是土家族地区著名的小吃。此菜润滑鲜嫩，酸辣可口。它是用大米淘洗浸泡后加水磨成米浆，然后加碱或老酸水熬制，冷却后形成块状"豆腐"。食用时把米豆腐放入烫水中加热，2 分钟后即可捞出，切成小片放入山涧泉水中再捞出，盛入容器后，将切好的大头菜、盐菜、酥黄豆、酥花生、葱花、生抽等适合个人口味的不同佐料与汤汁放于米豆腐上即可。黔东北地区调味偏酸，川东地区调味偏辣，湘西鄂西地区调味以香辣为主。龙山米豆腐因电影《芙蓉镇》中女主角胡玉音曾靠此经营为生而声名大噪。

第四节　土家族地区食俗

一、饮食结构

饮食结构是指日常生活中一日三餐的主食、菜肴和饮料的搭配。饮食结构是一个复杂的问题，某一地区、某一民族饮食结构的形成，常常和这一地区的政治、经济、文化发展状况有密切联系，或者说受到经济条件和生产方式的制约，所以饮食结构总是带有地区和民族特色。

土家族地区由于长期受到地理因素、历史原因等影响，整体经济水平比较落后。土家族广大农村地区属典型的农耕经济，同时辅以少量畜牧产业。土家族人民的饮食以大米及米制品为主食（过去以红薯、玉米、土豆等粗粮为主食），菜肴以时令蔬菜、各种熏腊制品为主，辅以各种杂粮零食。土家族人民日常饮食多为一日两餐或三餐，进餐时间受农作影响较大。早餐多为炕土豆、各色粑类及少量面食等。在农忙时，早餐多以炒面等干粮代替，趁休息的间隙吃上几口以充饥。午餐一般比较马虎，习惯食用头一天晚餐的剩余饭菜，特别是在农忙时，为节约时间，喝点油茶汤，或将剩菜冷饭带到田间地头就地食用。吃完饭稍事休息，便又开始劳作。土家族人们比较重视晚餐，辛苦了整天的一家子在家庭主妇的安排下，共同准备一顿较为丰盛的晚餐，一方面是要补充体力，另外一方面还要预备第二日的午餐。家里的成年人，不论男女都常饮用一些农村小作坊酿造的苞谷酒。城市居民一日三餐，除偏好腊肉、合渣、炕土豆等本地特色饮食产品外，其他饮食习惯与其他地区差异不大。

二、特色年节食俗介绍

年节食俗是土家族饮食中较有特色的一部分。土家族年节食俗与汉族有相似之处，但还有很大部分保留着自己鲜明的民族特色。

(一) 春节

"过赶年"是土家族年节食俗中极富有民族特色的部分。腊月三十过大年，全家团聚、吃年饭是大家熟悉的团年习俗。土家族却由于历史原因，过年总会提前一天，月大则腊月二十九过年，月小则腊月二十八过年。造成这种现象的原因有多种说法，比如土司攻歼避难说、年关逃债说、东南抗倭说等。现在被学术界普遍认可的为东南抗倭说。《中国民族节日大全·土家族节日·过赶年》载：贵州印江县土家族传说，明嘉靖年间，土家族人民参加了隶属湖广土兵部队征讨倭寇的战争，成为著名抗倭名将俞大猷、戚继光领导的劲旅。当时正值腊月底要出征，为预防敌人于节日前偷袭，而提前过年，故称此为"过赶年"。《长乐县志》载："除夕具盛馔，阖家相聚饮食，谓之吃团年饭。而容美土司则在除夕前一日。盖其先人随胡宗宪征倭，于十二月二十九日大犒将士，除夕倭不备，遂大捷。后人沿之，遂成家风。"因为出征时间紧迫，饭菜来不及细做，各家主妇将自家的上好腊肉切成大块的"坨坨肉"，与团年饭一起蒸制。此次出征由于恰当掌握了战机，大获全胜，被史书誉为"东南战功第一"。为纪念先人的抗倭胜利，"过赶年"的习俗沿袭至今。每逢过年吃团年饭时，部分地区的土家族民众，拿起事先准备好的扁担、吹火筒等在房前屋后绕上一圈，以示"巡哨"；有的还背着猎枪到山上走一遭，象征"摸营"等；还有的在吃团圆饭之前吃上一大块腊肉，都是怀念祖先的丰功伟绩。春节期间，土家族还有相互赠送糍粑等习俗。

每年农历腊月二十左右，印江地区土家族便以户为单位，开始进入过年阶段。到腊月二十八（月大二十九），家家户户便以一种独特的祭祀程序和表达方式，祭祀神灵、祖先，追念曾在抗倭战争中浴血奋战的土家族祖先和英烈。节前，各家各户杀猪宰羊、烘腊肉、炕香肠、酿米酒、磨豆腐、打糍粑、扫扬尘、贴红对联，并将绳索、刀矛、铧口、钉粑、锄头、木杆秤等农用具收藏在隐蔽处，以避凶险。过年这天，主人半夜起来，不点灯，静悄悄地烧菜煮饭，饭食内容极为丰盛，有"避鼎""合菜""吃坨坨肉"等。"避鼎"，即用鼎罐煮饭，称为"避鼎"，意为自家的鼎罐饭外族人不得争食，因为"鼎"是权柄和神器，兼有政治和宗教的双重意义，是土家族的象征，也是我们中华民族的象征之一，神圣不可侵犯；"合菜"，即将各种各样的菜扭成节煮在一锅内，称为"合菜"，意为扭成一股绳；"吃坨坨肉"，即事先将肉切成坨坨，深夜放锅里煮熟，再放入豆腐用锅铲插成坨坨，称为"吃坨坨肉"，一是意为出征后常打胜仗，二是意为出征时间紧迫，来不及分炒，待菜饭熟后将熟食盛于大砂钵或木盆内，放在小桌上，摆上烧酒等食物进行祭祀。

（二）元宵节

元宵节的起源也是众说纷纭。第一种说法是汉武帝采纳方士谬忌的奏请，在宫中设立"太一神祀"，从正月十五黄昏开始，通宵达旦地在灯火中祭祀。宋人朱弁《曲洧旧闻》云："上元张灯，自唐时沿袭，汉武帝祠太一自昏至明故事。"第二种说法是明朝郎瑛在《七修类稿》引唐人说法，道正月十五是道教"三官下降之日"，而三官中天官好乐，地官好人，水官好灯，为投其所好，人们便在此日纵乐点灯，士女结伴出游。第三种说法是正月十五是佛教中燃灯表佛的日子。诸如此类的说法还有很多，正如姚伟钧教授在《中国传统饮食礼俗研究》中所说："一个成熟的节日的形成，多是融汇了一些不同种类的文化因子，可以认为，上元节是多种文化和习俗复合而成的。"至宋代始，元宵节出现了时令食品——汤圆。《岁时杂记》说："煮糯为丸，糖为臛，谓之圆子。"周必大在诗中曾云："星灿乌云里，珠浮浊水中。"由"圆子"到"月亮"的联想古而有之。正月十五是新年第一个月圆之夜，汤圆光洁圆滑，吃汤圆应涵有祭月、赏月的意味。这些习俗传入土家族地区后，敬神礼佛的思想逐渐淡化，而祭月、盼团圆的思想却深入人心，在土家族的元宵节中反映的是星辰崇拜的思想。土家族的元宵节同样有热闹非凡的灯会，家家户户吃元宵。与汉族不同的是，当地人民多了一个剁半边熟猪头祭门神的习俗。

（三）社日

社日吃社饭是中国一种古老的风俗。社日是以祭祀社神（土地神）为中心的一个古老节日，"它起源于三代，初兴于秦汉，传承于魏晋南北朝，兴盛于唐宋，衰微于元明及清"[①]。唐《社日》道："鹅湖山下稻粱肥，豚栅鸡栖半掩扉。桑柘影斜春社散，家家扶得醉人归。"中国古代的社日有二，一是春社，在每年立春后的第五个戊日，时间约在二月中旬；二是秋

---

① 萧放．追寻一个逝去的节日——社日民俗的文化阐释［J］．文史知识，2000
(3)．

社，在每年立秋后的第五个戊日，时间约在新谷登场的八月。明清以来，社日作为节日在全国大部分地区都已经消失。但在鄂西的土家族地区，春社习俗却得以较为完整地保留下来。清《潭阳竹枝词》道："五戊经过春日长，治聋酒好漫沽长。万家年后炊烟起，白米青蒿社饭香。"这些诗词就是对土家人"过社"的真实写照。

吃社饭是社日的重要饮食风俗，这种风俗在鄂西不少地方志中都有记载，如清同治二年（1863 年）的《宣恩县志》载："春社作米粢祭社神，曰'社粢'。"清同治五年（1866 年）的《来凤县志》载："社日，作米粢祭社神……切腊豚和糯米、蒿菜为饭，曰'社饭'，彼此馈遗。"民国二十六年（1937 年）的《恩施县志》载："'社日'，采蒿作炊，杂以肉糜，亲邻转相馈赠，谓之'社饭'。"从文献记载上看，传统社饭的主要原料为蒿菜、糯米和腊肉。据《辞海》载："蒿，草名……二年生草本植物，叶如丝状，有特殊的气味，开黄绿色小花，可入药。"蒿有多种，分青蒿、白蒿、糯蒿、香蒿等。青蒿又名水蒿，茎有红色和白色两种，品质芳香一样，都可以食用，煮社饭用的是青蒿。目前，鄂西土家族的社饭还基本保持着这种传统特色。社饭的做法为先将腊肉烧皮刮洗干净，切成几段放在锅里用适量的水煮熟后，切成肉丁并炒出油，与洗净切好的野葱、蒜一起盛好待用。再将摘来的蒿菜放在水中洗净，用力搓出叶内的绿色汁水，漂清后用刀细细剁碎，放入筛篮内在水中冲洗，捞出后用手把水挤干，然后放入热锅中炒干水汽，火不可过急，放入适量食盐，再将炒出油的腊肉丁、野葱、大蒜一起倒进锅里搅拌均匀，用盆盛好待用。将黏米煮到五成熟，再放入适量的糯米同煮，煮到七成熟后滗去米汤，将待用的蒿菜、腊肉等食材倒进米里翻透拌匀，用小火焖上半小时即可。待揭开锅，一股特别的香味扑鼻而来，使人精神为之一振，绿油油的饭里拌着红玛瑙一样的腊肉颗粒，看着就叫人食欲大开。老人们说这社饭清香软糯，败火清热，营养价值极高，若佐以自家腌制的酸辣酱、凉拌蒜丝、霉豆腐之类的凉菜食用，更是妙不可言。

吃社饭还是亲朋邻里联络感情的大好时机，因为吃社饭必请亲朋邻里参加。社日期间，家家请，户户接，鄂西土家族地区的城市乡村，到处弥漫着社饭的香气，到处是人们一起吃社饭的欢声笑语。社宴散时，主人还要让赴宴者带一些社饭回去。对于因故未来者，主人还往往派人把社饭送到府上。吃了别人家的社饭，是要还席的，因此社日期间鄂西土家人互相邀请吃社饭，形成吃转转席的饮食格局。目前，鄂西土家人的社饭制作和销售也逐渐走向市场化。市场上，可以购买到已经做好的"社菜"，使社饭的制作更加方便快捷。对于不方便在家做社饭的人或外来人员，还可以到超市购买现成的社饭或到餐馆吃社饭餐。

（四）牛王节

一般在农历四月初八，也有的在农历四月十八，是鄂西部分土家族祭祀耕牛的节日。关于牛王节的起源传说各地不一，其中最流行的传说是：传说土家人在一次战斗中失败了，退却到一条大河边，为洪水所阻挡。正在这时，河对面游来了一头水牛，他们拖着牛尾巴过了河。为感谢水牛的救命之恩，每到这一天，土家人就杀猪宰羊，打糍粑，接亲人，共同庆贺，十分热闹。在这一天，人们会让牛休耕一天，并给牛喂精饲料。来凤大河土家族每年四月初八都过牛王节，不仅给水牛喂鸡蛋和酒，还要请巫师举行祭牛仪式。耕牛在土家族的生产生活中占据非常重要的地位，耕牛勤勤恳恳、默默无闻、任劳任怨，土家族在生活中对其产生了深厚的情意，同时耕牛的这种品质符合土家族人民的道德标准，因此，古代土家族人民对牛产生了崇拜之情，并在四月初八这天为牛披红挂彩，让其享受美味。

"四月十八，牛歇驾"，直到现在，这个古朴的风俗还始终保持着。如土家人在四月初八"牛王节"这天，都要备办豆腐、刀头肉、米粑、苞谷酒、鸡蛋、五谷等物，用筛子装着，由一家之主端到牛栏前，祭祀牛王菩萨，边烧香纸边念道："牛王菩萨在上，保佑我家牡牛膘肥肉满，上坡吃草口齿好，下河喝水肚就饱，犁田打耙脚力好，四季健壮昂昂叫……"念完后，才能把酒、肉、鸡蛋给牛灌喂，五谷酒洒在牛栏四周。至今，大山深处的土家人仍然保持着这种祭牛风俗。

（五）土家磨刀节

"你不赐我磨刀水，我不赐你晒龙袍。"这是土家族部分农村地区流传的关于磨刀节的农谚。磨刀节是土家族农事活动节俗。每年五月十三，各家各户便舀水磨刀，或就近聚合磨刀，边磨边唱磨刀歌。歌的内容多是思雨盼水、祈望丰收之类。磨刀节这天喜下雨，称之为"磨刀雨"。同治《巴东县志》记载："五月十三日，家家磨刀，思盼雨。"巴东还流传磨刀节的民谣："五月十三把刀磨，大刀磨来长江水，小刀磨来沿渡河。"

（六）六月六

六月六是土家族节日之一，它与汉族的节俗大致相同，但节俗的解释有民族特色。土家族人民过这个节日很隆重。传说元朝派兵镇压当地人，民族英雄覃垕抗击官军，在六月初六这一天不幸战败，血染战袍，威武不屈，终被杀害。从此，每逢六月初六，土家人以晒衣服代替晒战袍，俗称"晒龙袍"，以表示哀悼。这个节俗在土家族地区普遍保留下来，农村有俗语称之为"六月六，龙晒衣"。无论怎么忙，到了六月初六这一天，家家户户都要晒衣服、书画、粮食及柜子，既用于除虫，又用于防霉，土家人认为这一天晾晒的东西全年不生霉长虫，到现在，农村还十分盛行"晒龙袍"的习俗。同时，不少人家还用日用盆盛水晒热，用于儿童洗浴，据说可免生疮疥，这是古人顺应自然而培植起来的一个具有保健性质的节日。土家族还把这天是否有好太阳当作农事吉祥与否的象征。俗话说："六月六日阴，牛草贵如金。六月六日晴，牛草吃不赢。"

（七）端午节

端午节，又名端阳节。土家族虽然和汉族一样，过端午节要喝少量雄黄酒、吃粽子，但粽子的种类更多，而且比较富有民族特色。土家族喜欢在粽子馅中加入他们喜食的腊肉丁，就形成了其他民族少有的腊肉（熏肉）粽子。有的还会采摘山里的野菜做馅，别有风味。端午节的来历一般认为与战国时期的著名爱国诗人屈原有关。传说在公元前278年的农历五月初五，楚国大夫屈原为国劝主，楚怀王不听，反听谗言，将屈原放逐，屈原在这一天投汨罗江而死，人们为了纪念这位爱国诗人，将糯米团、雄黄酒投入江中，免其被鱼吞食尸体，以后形成了吃粽子的习俗。此外端午节还有饮雄黄酒、划龙船等习俗。而事实上，端午节由来已久。古人认为五月是阴阳、死生激烈斗争的一个月，这种观念在《吕氏春秋》中就有所反映。另外《风俗通义》有语云："俗说五月五日生子，男害父，女害母"，甚至"五月到官，至免不迁"。古时人们认为五月是不祥之月，重五之日自是恶中之恶，故而要采取一定的措施避邪、除疫，饮用雄黄酒被古人认为是行之有效的手段。通过对正义之人的灵魂崇拜，同时借助避邪之物——雄黄的作用，土家族相信如此定能平安度过灾难之月。

（八）中秋节

中秋节全家团聚，一起赏月，吃月饼、瓜果等，是中华民族共有的传统习俗。除此之外，土家族还有"摸秋"的习俗。同治《长阳县志》载："是日本'中秋佳节'，以西瓜、月饼、核桃、栗子、水梨、石榴馈亲朋。至夜设酒馔，食饼瓜诸果，谓之'赏月'。三五成群偷知好园中瓜果，谓之'摸秋'。"偷回的瓜果是夜放入久不孕的夫妇床上，待第二日，将其烹饪食用，认为可以起到辅助受孕的作用。赏月、吃月饼、"摸秋"等习俗寻根溯源，应属于典型的星辰崇拜。在古代人们的思想中，日为阳，月为阴，月亮为女性的代表。圆月似卵形，是孕育万物的象征，同时瓜果乃传宗接代之物，在中秋"摸秋"祈子也理所当然。

（九）重阳节

每年农历的九月初九是传统的重阳节，土家族各家酿"桂花酒"，做"重阳糕"。土家族地区流传着"重阳不打粑，老虎要咬妈"的俗话，说明做重阳糕是重阳节的"重头戏"。《来凤县志》载："重阳，携酒登高。捣米粉为糕，曰重阳糕。"重阳节也是尊老的节日，后辈们在这天都要向老人问安，请老人吃饭。

对重阳节，黔东北土家族较为重视，节日这天要打糯米粑粑，推豆腐，祭"家虎"，有"重阳不打粑，老虎要咬妈；重阳不推豆腐，老虎要咬屁股"之说。民间传说重阳节登高与"桓景避灾"有关。《续齐谐记》载东汉汝南人桓景，受仙人费长房指点，于九月初九偕全家登高、饮菊花酒、佩茱萸而躲过了一场灭门之灾。"糕"谐"高"音，桂花酒可能是菊花酒的演变，因而可以推论土家族在重阳节做重阳糕、饮桂花酒也是避邪、禳灾的意思。九月初九是重九之日，九为极阳之数，因而该日阳气升腾，这对于阳气日衰的老人来说无疑是个极好的日子。于是，重阳节又是敬老的节日。为什么在土家族的谚语中反复出现"虎"的字样呢？这与土家族的图腾崇拜有关。土家族的先人以白虎作为本氏族的图腾，并认为白虎是自己的保护神，自己是白虎的子孙后代。若土家后人不守俗规（不打粑），先人的化身当然要施以惩戒（咬妈、咬屁股）。在重阳节的各种饮食习俗中，体现的正是土家族图腾信仰、敬天崇祖的信仰。

（十）过小年

每年的腊月二十四是过小年的日子，这一天要举行祭灶的仪式，因为这一天灶神要上天汇报人间善恶功过，于是人们便举行盛大的仪式，烹制美味佳肴为灶神饯行，宋范成大有《祭灶诗》云："古传腊月二十四，灶君朝天欲言事，云车风马小留连，家有杯盘丰典祀。"希望灶神能在玉帝面前多美言几句。因而过小年祭祀灶神代表着土家族人民企盼丰衣足食的美好意愿。

灶是土家百姓家中关系到饮食起居的重要器物，长年炊烟不断象征着家庭兴旺发达。同时灶离开了火就失去了存在的价值，灶神崇拜因此也是一种火崇拜。

从以上土家族的几个重要节日饮食习俗可以看出，信仰习俗在土家族人民的生活中占有重要地位。虽然有些古老习俗的本来面目已渐渐被人们遗忘，但这些习俗往往通过其他的形式展现出来，被人们赋予了新的含义。

三、饮食禁忌及其他

饮食禁忌，顾名思义就是饮食中不能轻易侵犯的民俗事项。或来自宗教、信仰，或来自生活经验的总结，情况比较复杂。土家族饮食禁忌对象范围上至老人下至小孩，男女皆有禁忌。对小孩来说，禁忌大致有以下几点。小孩忌吃猪尾巴、鸡爪子及鸡血，认为吃了猪尾巴会导致以后做事非常慢，经常被别人甩在后面；认为吃了鸡爪子会导致以后读书写不好字，像鸡爪扒食一样乱七八糟；认为小孩吃了鸡血会容易脸红，会给以后的生活带来诸多不便。此外，小孩一般忌吃试花果，即果树第一年结的果实，认为会影响今后的生育。对未婚青年来说，最大的禁忌就是禁吃猪蹄，认为吃了猪蹄会导致找不到老婆，就算找到了也会被"叉"掉。由于土家族非常注重传宗接代，所以对孕妇也有一些禁忌。哺乳期内忌吃猪肝等肝脏之类的东西，认为吃了会导致干奶而影响婴儿的健康。同时，也忌吃鸡屁股，认为吃了鸡屁股会导致小孩的嘴会向上翘。在逢年过节的日子里，土家人为了图个吉利，在饮食中也有一些禁忌。如吃年饭时忌泡汤，只准用勺喝汤，声称吃年饭泡汤预兆来年发大水会冲毁家里的田地。同时，吃年饭时也忌添客人。土家族中有的姓氏由于有自己的图腾崇拜，在饮食上他们就会禁食某种食物。例如，恩施田姓土家人就禁吃鳖（俗称团鱼）。

另外，土家族的传统饮食器具崇尚质朴，以当地生产的白色及青花陶瓷制品为主。当然也不排除古代土家族统治阶级使用的各种高档饮食器具，例如《容美纪游》中所提到的金酒杯等。

第五节　土家族地区马铃薯主粮化战略实施现状

马铃薯为茄科茄属一年生草本植物，粮菜兼用，含有丰富的营养物质，适应性广，是全世界范围内重要的粮食作物。马铃薯作为仅次于水稻、小麦、玉米的世界第四大粮食作物，在保障粮食安全和提高国民经济发展水平方面具有不可代替的作用。联合国称马铃薯为"地球未来的粮食"，把 2008 年定为"国际马铃薯年"。中国农业部在 2015 年 1 月正式启动马铃薯主粮化战略。马铃薯的营养价值高，脂肪含量低，富含人体所需的多种氨基酸和膳食纤维，符合主粮食物的能量及蛋白质含量要求。此外，马铃薯富含多种维生素、矿物质和植物化学物等微量营养素。马铃薯低钠高钾，钙、镁、维生素 C 含量高，具有降血压功效，经常食用马铃薯可降低高血压的发病率。长期大量食用马铃薯还能够改善血脂水平，降低血清总胆固醇。马铃薯所富含的膳食纤维和多酚化合物，有促进肠胃蠕动、预防便秘及抗癌等作用。

土家族地区多属山区，海拔落差大，四季分明，雨量充沛，属于亚热带季风性山地湿润气候，土壤多呈酸性，富含硒元素。马铃薯主要种植区海拔较高，气温冷凉，风速较大，有害病虫难以传播，利于马铃薯的生长繁育，一年四季均可种植，可整年生产及供应商品薯和加工薯，是良好的马铃薯天然种植基地。

一、土家族地区马铃薯主食开发现状

2016 年 2 月，中国农业部发布《农业部关于推进马铃薯产业开发的指导意见》文件，将湖北列为全国马铃薯主食产品开发第一批试点省份。

2016 年，在中国马铃薯产业开发高层研讨暨成果发布会上，以实物产品的形式发布了各类马铃薯主食产品开发研究成果，共 6 大类 154 种主食产品，包括了马铃薯馒头、面条、面包、米粉、复配米等。

(一) 马铃薯的种植和培育

2017 年恩施地区马铃薯种植规模接近 200 万亩，产量达到 210 万吨左右，占比达湖北省马铃薯产业总规模的 52％以上。但始终没有较大较强的马铃薯精深加工企业，没有很好地开发和利用恩施马铃薯独特的产品优势，弱化了马铃薯的利用价值。目前，湖北武陵山茶油股份有限公司正在实施的马铃薯产业化项目，有着年产 3000 吨马铃薯全粉的计划生产规模，投产后将成为中国南方最大的马铃薯全粉生产企业，带动当地农民年增收 1 亿元以上。

由于历史原因，恩施当地粮食一度十分匮乏，加上马铃薯生长环境适宜，产量很高，很快在当地普及，马铃薯作为高产作物，成为当时贫苦大众的主要食品，直接将其当作主食食用，对维持人口的稳定起到了重要作用。恩施马铃薯的生长季节较长，个头适中，营养全面，口感好。自 2015 年国家施行马铃薯主粮化战略以后，恩施作为国家马铃薯优势生产区和马铃薯主食加工产品开发试点区，在湖北省领先推动马铃薯主粮化发展，获得重大成果，马铃薯生产、加工和营销的各类企业大量出现，马铃薯主食加工业快速发展，恩施硒土豆的品牌影响力也越来越强。

(二) 烹饪应用

马铃薯是重要的烹饪原料，在湖北宜昌、恩施等地区是重要的主粮之一，被当地群众称作洋芋、土豆，在湖北其他地区则以菜用为主。马铃薯适应多种烹调方法和各种调味，可制成多种菜肴、小吃、点心和主食。湖北的餐饮消费市场有众多广受大众喜爱的马铃薯类菜品，按食用方法可分为好几类。主食类如炕土豆、土豆饼、烤土豆、洋芋饭、土豆粉等；菜用类如酸辣土豆丝、土豆烧牛肉、干锅土豆片等；休闲类如炸薯条、炸薯片等。接下来以两个备受消费者喜爱的且简单易制作的马铃薯菜品为例，介绍马铃薯的具体烹饪应用。

1. 炕土豆

"炕"是湖北省西北地区的方言，是除煎、炒、焖、炸之外的一种做菜方式，是介于用少量食用油煎与炸之间的一种烹饪方式。炕土豆是鄂西北地区地道的风味菜品，不仅是当地山民的主要食物，也是待客必不可少的美食。其做法为选取优质小土豆，将其蒸熟或煮熟，至八分熟后捞起去皮。锅中放油烧热后放入土豆，小火慢炕至土豆外皮变得金黄。炕熟后，土豆吃在嘴里感觉不会油腻，且有烤熟的香甜感。按个人喜好放盐、蒜末、辣椒粉、葱花等调料即可。

2. 土豆饼

土豆饼在湖北宜昌和荆州地区广受欢迎，以土豆为主要原料，色泽金黄，香气诱人，酥脆爽口，适合各个年龄段的人食用。其做法为选取优质土豆，将土豆洗净后去皮，刨成细丝，打入鸡蛋，加入盐、葱花等调料入味，再加入面粉，拌成均匀的糊状。热锅加油，摊入适量的面糊晃匀，两面都炸至金黄色时，捞起沥干油，即可食用。

（三）食品加工

1. 马铃薯全粉及其运用

马铃薯含水量大，不耐存储，不便于运输，容易发芽、霉烂，影响安全性和食用价值。目前马铃薯最好的脱水加工产品是马铃薯全粉。马铃薯全粉由干物质含量高、发芽少的优质马铃薯，历经清洗、去皮、切片、漂烫、冷却、蒸煮、制泥、干燥、筛分等多重工序制成。根据不同的加工工艺和处理方式，马铃薯全粉分为马铃薯颗粒全粉和马铃薯雪花粉。

马铃薯经过科学化、工业化的深加工后，既可长时间储存，又方便运输，降低了储存空间和储运成本。一方面使马铃薯食用更加便利，另一方面便于与其他主粮搭配食用，提高了摄入食物的整体营养价值和丰富性，使得人们的膳食营养更加均衡。马铃薯全粉作为其他深加工食品的基础原料，马铃薯产品的种类增加，更使马铃薯产品的附加值大大增加。目前消费者对已出现的马铃薯饼干、马铃薯面包、马铃薯蛋糕、马铃薯月饼等产品，接受认可度普遍较高。目前马铃薯全粉的生产和应用处于发展阶段，市场需求量越来越大，未来以马铃薯全粉为原料的各类主粮产品将不断问世，应用方面也将会更加广泛。

2. 马铃薯休闲食品的开发

目前，整个休闲食品的 45%～70% 是马铃薯制品。各种以马铃薯为原料制成的休闲食品很受消费者的欢迎，产销十分旺盛。由于马铃薯投资少、效益高、见效快，深加工之后可以获得数倍增值，马铃薯深加工产业成为国际上很多国家重点发展的产业之一。这些休闲食品，比如薯片、马铃薯脯、速冻薯条、土豆泥等产品，既保持了鲜薯的营养成分，又味美、食用方便、安全卫生，受到消费者的广泛喜爱。

虽然我国马铃薯的种植面积和产量均位于世界前列，但我国马铃薯人均年消费量很低，且大部分用于鲜食和初加工，加工产品种类较少，大部分为粉丝、粉条和淀粉等产品；加工工艺落后，加工设备差，产品整体质量不高，加工附加值低，深加工水平远远不够。据联合国的统计，目前世界发达国家的马铃薯加工水平约比我国先进 20 年。目前我国虽在马铃薯产量方面排名世界第一，但整体的加工水平低下，浪费了很好的资源。

马铃薯食品加工业是高利润项目，对马铃薯资源进行合理的综合利用，充分利用我国的生产和资源优势，提高马铃薯的经济附加值，生产出适销对路的马铃薯休闲食品，既可以满足市场的大量需求，又可以带动我国国民经济的发展。因此要加快发展我国马铃薯深加工产业。要实现这一目标，必须有相关技术和加工设备支持。此外，也要加快技术研发和人才培养，培育马铃薯优质专用加工品种，加快促进我国马铃薯休闲食品加工业的发展。

二、土家族地区实施马铃薯主粮化的优势

（一）自然地理气候优越

正如前文所述，土家族聚居区地处云贵高原东侧的武陵山脉和大巴山脉，境内多为丘岗山地，海拔多在 400—800 米，属亚热带季风气候区，非常适宜马铃薯的生长。

（二）有主粮化的传统

自马铃薯传入土家族聚居区后，正是由于其高产、不择地力、抗病虫能力强、营养丰富以及口味可塑性强等特点，使其成为土家族人民的"当家粮食"之一。仅湘西土家族苗族自治州一地，耕地面积为 196 平方千米，而马铃薯的种植面积基本上在 20 平方千米上下浮动，占总耕地面积

的 10％左右。[①]

（三）政策红利

《农业部关于推进马铃薯产业开发的指导意见》指出："在抓好水稻、小麦、玉米三大谷物的同时，把马铃薯作为主粮作物来抓，推进科技创新，培育高产多抗新品种，配套高产高效技术模式，增加主粮产品供应，提高农业质量效益，促进农民增收和农业持续发展。"利用西南丘陵山区、南方冬闲田的耕地和光温水资源，因地制宜扩大马铃薯生产。到 2020 年，马铃薯种植面积扩大到 1 亿亩以上，平均亩产提高到 1300 公斤，总产达到 1.3 亿吨左右；优质脱毒种薯普及率达到 45％，适宜主食加工的品种种植比例达到 30％，主食消费占马铃薯总消费量的 30％。"因地制宜推进地域特色型主食产品开发，重点是开发马铃薯饼、馕、煎饼、粽子和年糕等地域特色主食产品。积极推进休闲及功能型主食产品开发，重点开发薯条、薯片等休闲产品，开发富含马铃薯膳食纤维、蛋白、多酚及果胶的功能型产品。""以科技创新为驱动，研发主食加工工艺和设备。研发原料节能处理和环保技术，配套效能比高的原料处理装备，保障原料品质和营养，有效降低能耗和废弃物排放量。研发发酵熟化技术，配套温度、湿度、时间智能化控制设备，改善面团流变学特性，提高发酵熟化效率。研发成型整型仿生技术，加强成型整型关键部件的设计和改造，实现主食产品自动化生产。研发蒸煮烘焙技术，开发主食产品醒蒸一体智能设备和自动化变温煮制设备，实现蒸煮烘焙数字化控制。研发新型包装抗老化技术，配套自动化包装设备，防止主食产品老化、氧化变质。支持企业与科研单位合作，开展主食产品工艺及设备联合攻关。鼓励规模较大、自主创新能力强、拥有核心技术、盈利能力强、诚信度高的加工企业，开发主食产品品牌，增强市场竞争力，打造一批主食加工龙头企业。"

（四）研究机构

恩施有强有力的科学技术支撑和政策资源扶持，为马铃薯产业发展提供支持，恩施已成为国家西南地区马铃薯繁育的核心区和西南地区种薯供应基地，各类马铃薯生物技术达到了国内先进水平。近年来，湖北始终坚

---

① 李大恒，麻琼方. 湘西州马铃薯产业现状与发展对策［J］. 作物研究，2017，31
（4）.

持科技创新之路，坚持产业技术开发。在恩施建有中国南方马铃薯研究中心，在武汉的华中农业大学建有湖北省马铃薯工程技术研究中心。湖北省自主选育出的"鄂马铃薯"系列优良品种，如"鄂马铃薯3号""鄂马铃薯5号"和"鄂马铃薯7号"，已通过国家审定，并被确定为全国马铃薯主导品种。

此外，还应注意所开发主食食品应符合各地居民的日常饮食习惯。目前，我国居民多食用鲜薯，但马铃薯全粉与大米面粉或小麦面粉按比例混合后可制成各类马铃薯主食产品，大众传统类主食产品如马铃薯馒头、马铃薯花卷、马铃薯面条等；地方特色类产品如马铃薯年糕、马铃薯枣糕、马铃薯月饼等；休闲产品类如马铃薯面包、马铃薯蛋糕、薯条、薯片等。

马铃薯第一代主食产品——30％马铃薯全粉馒头于2015年在北京部分超市开始售卖后，得到市场较好的反馈。通过调查统计，中国居民对于价格适中、营养全面的马铃薯主食产品具有较高的消费期待。各种马铃薯主食产品的出现，说明了马铃薯主粮化的大众接受度比较高，为马铃薯主粮化的推进提供了可能。目前我国已开发近300种马铃薯主食产品，湖北占40多种，其中"马铃薯热干面"入选全国"十大马铃薯主食"榜单。

三、发展路径建议

（一）完善基础条件设施，进行集约化经营

恩施当地受山区地形的限制，种植马铃薯使用的机械设备较少，加工装备水平不高，整体机械化程度不高。贮藏设施建设方面整体滞后，仓储条件不佳，储存品质下降较快。为此应该从国家层面对马铃薯主粮化所需要的专用品种改良、全程机械化生产及农机农艺配套技术、马铃薯冷链运输及现代仓储物流体系构建、主食加工品种研发等全产业链等问题进行技术创新，并对马铃薯主食产品开发等研究给予一定的资金扶持、政策倾斜和技术支撑。恩施绝大部分耕地由农户分散种植、分开经营，没有形成规模化生产。同时，当地农村青壮年劳动力大都流失，而马铃薯用种量大，品种混杂严重，农家肥使用减少，精耕细作水平下降，不利于标准化、集约化经营。为此，要引导鼓励马铃薯龙头企业与各类专业合作组织、家庭农场和种植大户等经营主体合作，集中化、规模化生产马铃薯，降低种植成本，提升整体供给能力，达到整体化布局、标准化种植、机械化生产、

集中化管理的基本要求，整合各种资源和政策，在富硒土壤区域建设重点核心马铃薯生产基地，提高马铃薯生产的整体综合效益。

（二）加快马铃薯产品研发，提高加工及商业转化

马铃薯主食产品的开发重点在于加工马铃薯全粉，因此，要利用好马铃薯全粉，推出符合中国人饮食习惯的各类主食化产品，如马铃薯馒头、面条、米饭、米线等传统大众型主食产品；馕、煎饼、发糕、米粉等地域特色型主食产品；曲奇、糕点、薯片等休闲及功能型产品。

恩施生产的马铃薯大多自用，留作种薯、粮食、蔬菜和饲料，加工转化程度严重不足，商品化程度低。当地没有马铃薯交易市场，也没有线上交易平台，线下商品薯流通物流体系不完善，目标客源市场较小且较集中。为此，要充分利各方面资源，拓展马铃薯消费市场，完善建设马铃薯流通体系和物流基础设施，引导和支持在马铃薯生产比较集中、交通比较便捷的地方建立起各项设施完善的实体马铃薯贸易市场；鼓励建设电商平台，实现"农商对接""直销直供"等产销模式，提升马铃薯的经济效益。一方面，创造有序的市场环境，另一方面，政府应该鼓励生产企业积极打造区域品牌，增强种薯企业的活力和竞争力。通过对种薯业的双重管理，建立有序良性的竞争态势，促进种薯业从生产到销售的健康发展和规范化运转。加强团队合作，高水平、全方位共同打造公用大品牌，利用好微信、微博、电视、广播、互联网等宣传渠道，对品牌进行全方位的宣传，提高品牌影响力。

（三）加大对传统食品的宣传力度，营造良好的消费氛围

发展有中国特色的多元化的马铃薯主食产品形式，要把继承中华传统饮食文化、体现中国饮食特点与顺应时代消费需求有机结合起来。

要加大马铃薯营养价值宣传，首先，要改变人们认为粗粮营养价值不高的印象；其次，加大产品开发力度，改变人们对产品单一的抱怨；最后，扭转人们认为马铃薯富含淀粉，多食会导致肥胖的刻板印象。

马铃薯主食产品不仅营养丰富全面，而且蛋白质的质量好，所含氨基酸构成及比例接近于大豆蛋白，赖氨酸含量也远远超过小麦和稻米，还含有其他主食中少有的胡萝卜素，脂肪含量低，热量低，富含膳食纤维。膳食纤维号称"肠道清洁夫"，食用有助于消化系统的健康。在马铃

薯主食化的过程中，须积极引导居民改变消费结构，人们的生活才会更加健康。

可以选择主食消费特色城市加强示范和推广，如北京、广州、杭州、成都、西安等，策划开展马铃薯主食产品及产业开发宣传活动，加强对马铃薯及其主食产品的营养价值、经济效益、社会效益和生态效益的宣传，引导马铃薯主食的科学合理消费，扩大消费市场，让马铃薯主食走进千家万户，尽快成为居民餐桌上的健康美食。

第四章　土家族茶文化

土家族是一个热情好客的民族，每逢贵客来临，奉上一杯香茶是必不可少的礼节，有诗云："依山面水一家家，风土人情不大差。惟有客来沿旧习，常须咂酒与油茶。"油茶是土家族地区的特色饮品，1984 年 4 月，时任中共中央总书记的胡耀邦在视察湖北省咸丰县时，咸丰人民即用油茶汤进行招待，可见油茶在土家人心目中的珍贵。2018 年 4 月 28 日，国家主席习近平和印度总理莫迪在风景秀丽的武汉东湖边散步时，聊到中印文化交流时便提到了茶文化，并现场品了两种产自湖北的茶，都是来自土家族地区的历史文化名茶，一种是利川红茶，另一种是恩施玉露。从土家先民巴人种茶饮茶迄今已有几千年的历史，茶作为人们生活中不可或缺的物质要素，广泛地影响着土家人的经济生活、精神生活，形成了独特的茶文化。

土家族地区种植和利用茶叶的历史悠久，周树斌认为："西周末年，巴国不仅已经开始有目的地种植茶叶，而且有意识地把它作为一种商品——变形意义上的市场。他们（巴人）是今天茶叶饮料的滥觞者。"[①]《茶经》引三国张揖《广雅》记载："荆巴间采叶作饼，叶老者，饼成以米膏出之。欲煮茗饮，先炙令赤色，捣末，置瓷器中，以汤浇覆之。用葱、姜、桔子芼之，其饮醒酒，令人不眠。"既记载了饼茶制作技艺，也记载了油茶汤的制作技艺。"《华阳国志·巴志》载，巴地盛产"桑、蚕、麻、纻、鱼、盐、铜、铁、丹、漆、茶……"。据此估计巴人种茶饮茶至少有 2000 年以上的历史，巴人的制茶饮茶的方式也很别致。

陆羽《茶经·茶之源》也记载道："茶者，南方之嘉木也。一尺、二尺乃至数十尺。其巴山、峡川有两人合抱者，伐而掇之。"乾隆《鹤峰州

---

① 周树斌．古代巴民族的存在及其和饮茶文化的关系［J］．农业考古，1998（4）．

志》载："神仙园、陶溪二处，茶为上品。"同治《利川县志》记载："乌东坡，土人遍种茶树，其叶清香，坚实，最经久泡，迥异他处，名乌东茶。"民国《咸丰县志·财赋志》载："茶树有二种，其种自园圃者，采其叶，可作茗，有雨前茶、火前茶之名，皆称佳品。其种自山林者，冬季摘实可榨出油，味较菜油、罂粟油尤香美。"17 世纪初，五峰、鹤峰、长阳等地的"宜红功夫茶"被输往俄国和英国，鹤峰"容美茶"还被英国誉为"皇后茶"。巴东县巴山产茶色微白，称"巴东香茗"。五峰县北产茶最盛，制成红茶，岁出约 10 万斤。恩施县茶、桐、楮、漆，为出口大宗。宣恩县，林产桑、竹、茶、桐、漆、楮。利川县忠路茅坝之漆、茶、桐、楮，产出亦夥。来凤县，茶叶毛尖为最细。咸丰县，"茶供本国之用"。

土家族地区盛产茶叶，而且加工制作技术精细、历史悠久，成为土家族地区向中央王朝朝贡的驰名方物，土家族地区的茶很早就进入了"官宦王侯"家，宣恩的五家台、鹤峰的百驾司、巴东的羊乳山都曾是贡茶的基地，这些地方出产的茶也是土家族民间馈赠交际的上等礼品。茶叶是土家族地区的家常饮料，也是生活的必需品，制作与饮用均有独特之法，土家族人民还创造出了种茶、采茶、制茶、饮茶等一系列内涵丰富的茶文化。

第一节　历 史 名 茶

土家族聚居区大多是海拔 500~1000 米的二高山和低山，终年云雾缭绕，气候温和，雨量充沛，土壤有机质丰富，黄壤和黄棕壤土分布广，具备优质茶叶生长得天独厚的条件。当前，茶叶在土家族聚居区广泛种植，并引进先进栽培、制作技术，茶叶已成为土家族聚居区重要支柱性产业，受到政府高度重视。在原有品牌的基础上又有龙井、松针、玉露、毛尖、雀舌、珍眉等品种，再加之富含硒元素，土家族聚居区茶叶生产的前景十分广阔。

一、 恩施玉露茶

恩施玉露茶产于湖北省恩施土家族苗族自治州恩施市东郊五峰山，为恩施"四大名片"之一，是我国传统名茶。恩施玉露蒸青工艺道法陆羽《茶经》，自唐时即有"施南方茶"的记载。明代黄一正《事物绀珠》载：

"茶类今茶名……崇阳茶、蒲圻茶、圻茶、荆州茶、施州茶、南木茶（出江陵）。"清康熙年间，恩施芭蕉黄连溪有一兰姓茶商，所制茶叶，外形紧圆、坚挺、色绿、毫白如玉，故称"玉绿"。1936年，湖北省民生公司管茶官杨润之，改锅炒杀青为蒸青，其茶不仅茶汤、叶底绿亮，鲜香味爽，而且外形色泽油润翠绿，格外显露，故改名为"玉露"。该茶选用叶色浓绿的一芽一叶或一芽二叶鲜叶，芽叶细嫩、匀齐，成茶条索紧细，色泽鲜绿，匀齐挺直，状如松针；茶汤清澈明亮，香气清鲜，滋味甘醇，叶底色绿如玉，"三绿"（茶绿、汤绿、叶底绿）为其显著特点。

二、古丈毛尖茶

古丈毛尖制作技艺是湖南省第二批省级非物质文化遗产，其茶产于湖南武陵山区古丈县，属绿茶类历史文化名茶。古丈境内崇山峻岭，谷幽林深，溪河网布，山水辉映，景色宜人。西晋《荆州土地志》记载："武陵七县通出茶，最好。"古丈便是武陵七县之一。东晋《坤之录》云："无射山多茶。"无射山绵延经古丈县境。又据《古丈坪厅志》记载："古丈坪厅之茶，种之山者甚少，皆人家园圃所产，及以园为业者所种，清明谷雨前捡摘，清香馥郁，有洞庭君山之胜，夫界亭之品，近在百余里内，茶为沅陵出产之大宗。"唐代溪州（今龙山县附近）即以芽入贡，后列为清室皇家贡品。古丈毛尖茶采于每年清明前，一般采摘芽茶或一芽一叶初展的芽头。古丈毛尖茶的特征是条索紧细圆直，锋苗挺秀，白毫披露，色泽翠绿。冲泡时，芽叶沉底，芽尖向上挺立，或如旗枪，摇曳晃荡。举杯细品，先微苦再转甘，最后满口香醇，令人心旷神怡。古丈毛尖茶手工制作技艺分为杀青、初揉、炒二青、复揉、炒三青、做条、提毫收锅等七道工序。20世纪60年代，古丈籍著名歌唱家何纪光先生的一首《挑担茶叶上北京》轰动乐坛，歌词里的茶叶即古丈的毛尖茶。近年来古丈籍著名歌唱家宋祖英演唱了《古丈茶歌》，著名画家黄永玉先生又为"古丈毛尖"亲笔题词，使古丈毛尖蜚声中外。

三、容美茶

容美茶产于湖北省恩施土家族苗族自治州的鹤峰县，鹤峰在土司统治时期称柘溪和容美，后又称容阳。雍正十三年（1735年）改土设州，始以鹤峰为名，民国初改为鹤峰县。县内山峦起伏，溪流纵横，海拔垂直差异大，形成了各种不同的小气候。森林密布，气候宜人，土壤呈微酸性，适宜茶树生产。约在前清时期，当地创制的绿茶称"容美茶"，据《鹤峰州志》载："容美贡茗，遍地生植，惟州署后数株所产最佳。署前有七井，相去半里许，汲一井而诸井皆动，其水清洌甘美异常。离城五十里，土司分守，留驾、神仙茶园二处所产者，味极清腴，取泉水烹服，驱火除瘴，清心散气，去胀止烦，并解一切杂症。"容美茶早年就成为土司向皇帝进贡的珍品，迄今鹤峰民间流传着用白鹤井的水冲泡容美茶，杯中似一只只白鹤张翅腾飞，故有"白鹤井的水，容美司的茶"的美好传说。容美茶系采用一芽一叶和一芽二叶初展的鲜、嫩、匀齐的鲜叶精心制作而成，其外形条索紧秀显毫，色泽翠绿，汤色黄绿明亮，滋味鲜醇回甘，香气清香持久，叶底嫩绿匀齐。1983 年，容美茶被评为湖北省十大地方名茶之一。此后，容美茶多次在省、州名茶评比中获奖，1986 年被授予省优质产品证书，鹤峰也因容美茶而被称为"湖北茶叶第一县"。著名茶学家庄晚芳先生在《中国茶史散论》一书中专门记述了容美茶。日本松下智先生曾来鹤峰考察，在其《中国名茶之旅》中，将容美茶介绍到了日本及世界各国。1994 年，容美茶在全国"陆羽杯"评比中获特等奖，从此"容美贡茶"名扬海内外。2006 年，鹤峰心牌茶厂建立，采用容美贡茶传统生产工艺生产"容美贡茶"，2009 年在湖北省第五届名茶评比中获"鄂茶杯"金奖。

四、采花毛尖茶

《茶经》记载："山南，以峡州上。"峡州即今湖北省宜昌市五峰土家族自治县。该县境内群山叠翠，云雾缭绕，空气清新，雨水丰沛，素有"中国名茶之乡""三峡南岸后花园"之美誉。顾彩所作《采茶歌》道："采茶去，去入云山最深处。年年常作采茶人，飞蓬双鬓衣褴褛。采茶归去不自尝，妇姑烘焙终朝忙。须臾盛得青满筐，谁其贩者湖南商……"20 世纪 80 年代创制的采花毛尖茶，外形细秀翠绿，内质香高持久，滋味鲜醇回甘。采花毛尖选用绿色有机茶基地的优质芽叶精制而成，富含硒、锌等微量元素及氨基酸、芳香物质、水浸出物，使茶叶形成香高、汤碧、味醇、汁浓的独特品质，对增强人体免疫力具有重要的功效。采花毛尖自问世以来，多次被评为省部级名优产品，1995—2001 年连续四届获得中国农业博览会金奖。2009 年 4 月，"采花"商标被国家工商总局认定为"中国驰名商标"，成为湖北省首个荣获中国驰名商标的绿茶品牌。

五、真香茗茶

真香茗茶产于湖北省恩施土家族苗族自治州巴东县，有上千年的传承历史。南朝萧梁任昉《述异记》载："巴东有真香茗，其花白色，如蔷薇，煎服令人不眠，能诵无忘。"《太平御览》引《桐君录》曰："西阳、武昌、晋陵皆出好茗。巴东别有真香茗，煎饮，令人不眠，又曰茶花状如栀子，其色稍白。"明顾元庆《茶谱》言"茶之产天下多矣……巴东有真香"。清陆廷灿《续茶经》有"蜀川之雀舌，巴东之真香，夷陵之压砖"的记载。康熙《巴东县志》说："茶，名真香……巴东茶品，旧亦著称海内。"同治《巴东县志》亦引此说。真香茗原产于巴东县城南金字山下红石梁的茶树坪，现主要产于巴东县茶店子乡风吹垭一带。产地位于大巴山东部，长江三峡中段，光照充足，年平均降雨量 1100～1900 毫米，年平均气温为 7.9～18.6 摄氏度，属亚热带季风气候，阳光充足，雨量充沛，气候温和湿润，云雾缥缈，在这种环境下孕育了制作巴东真香茗的优质野生茶。巴东真香茗其条索紧、细、圆、直，色绿光润，香高隽永，入盏馨香，其产品有天然富硒、极富药理的特色。1991 年在杭州召开的国际茶文化节上，真香茗受到中外茶叶专家的赞誉，并荣获湖北省优质产品奖。

六、皇恩宠锡茶

"皇恩宠锡"茶产自湖北省恩施土家族苗族自治州宣恩县伍家台。伍家台因伍姓人群聚于此而得名，伍家台贡茶的创始人名叫伍昌臣。伍昌臣家境贫寒，在开垦荒地之时，意外发现有几十棵野生茶苗，如获至宝，他将这些野生茶苗培育起来，以后便成了茶园。此茶非同一般，独具特色：味甘，汤色清绿明亮，似熟板栗香，泡头杯水，汤清色绿，甘醇初露；泡二杯水，汤色浑绿中透淡黄，熟栗香郁；泡三杯水，汤碧泛青，芳香横溢。此茶若密封在坛子里，第二年饮用，其色、香、味、形不变，并有新茶之特色，故有"甲子翠绿留乙丑，贡茶一杯香满堂"之说。一时间，此茶远近驰名，当地官吏豪绅争相求购。清乾隆四十九年（1784 年）山东昌乐举人刘澍到宣恩任知县，他品尝到伍家台茶，觉得此茶水色清冽，芳香四溢，于是向施南知府迁毓送礼。殊不知，这位施南知府是乾隆的亲信，便将这一发现禀奏乾隆皇帝。于是，伍家台茶"碧翠争毫，献宫廷御案，赞口不绝而得宠"，乾隆赐匾"皇恩宠锡"，扬誉内外。据称，此匾在20世纪70年代初期时，仍珍藏在宣恩县博物馆，现已不知所踪。1987年宣恩贡茶获轻工部优质产品称号，中国农科院杭州茶研所专家评价此茶："香三杯，味三杯，实属珍品。"2008年，"伍家台贡茶园"被公布为省级文物保护单位。"伍家台贡茶制作技艺"入选州级非物质文化遗产名录。伍家台茶还获得国家地理标志保护产品、国家农产品地理标志，并相继在中国国际农业博览会、中国茶业国际博览会上获得金奖。

七、宜红茶

"宜红"为宜昌红茶的简称，又称为宜昌功夫茶，产于湖北省宜昌市及周边地区，是我国主要功夫红茶品种之一，历史上因在宜昌集散、加工、出口而得名。据光绪十一年《续修鹤峰州志》记载："邑自丙子年广商林紫宸来州采办红茶。泰和合、谦慎安两号设庄本城五里坪，办运红茶载至汉口兑易，洋人称为高品。"宜红茶诞生于19世纪中期前后，其大量出口外销在光绪二年（1876年）清政府与英国签订不平等的《烟台条约》把宜昌辟为通商口岸后，远销欧美及中亚。抗战前还有茶厂10余家，中华人民共和国成立后，宜红茶出口苏联及东欧各国。

八、保靖黄金茶

保靖黄金茶产于湖南省湘西自治州保靖县，是湘西保靖县古老、珍稀的地方茶树品种资源。据《明世宗嘉靖实录》记载：明朝嘉靖十八年（1539年）农历四月，湖广贵州都御史陆杰，从保靖宣尉司（今保靖县城迁陵镇）取道往镇溪（今吉首市）巡视兵防，途径保靖辖区鲁旗（今保靖县葫芦镇）的深山沟壑密林中，一行百余人中，有多人染瘴气，艰难行至两岔河苗寨，染瘴气人已不能行走，当地向姓家老阿婆，摘采自家门前的百年老茶树叶沏汤赠与染瘴的文武官员服用，饮茶汤后半个时辰，瘴气立愈。陆杰十分高兴，当场赐谢向家老阿婆黄金一条，还将此茶上报为贡品，岁贡朝廷。从此时开始，该茶在市场上就有了"一两黄金一两茶"的尊贵身价，后人将该茶取名为"黄金茶"。制作黄金茶的茶树是经长期自然选择而形成的群体品种，属群体遗传，遗传基因复杂，有多种多样的基因型和表现型，有许多具有特异性的优良单株，其氨基酸含量是其他绿茶两倍以上，水浸出物接近 50%。黄金茶外形条细匀紧、翠绿稍弯，有毫，内质汤色明亮，香气高锐持久，栗香，滋味鲜爽，叶底黄绿明亮。2009年，"保靖黄金寨古茶园"被列为"湖南省重点文物保护单位"。2010年，中华人民共和国农业部批准对"保靖黄金茶"实施农产品地理标志登记保护，2018年，"保靖黄金茶"在第15届中国（上海）国际茶叶博览会上荣获金奖。

九、石阡苔茶

石阡苔茶产于中国贵州省石阡县，历史悠久。北宋《太平寰宇记》载："夷州（今石阡）、播州、思州以茶上贡。"《贵州通志》云："黔省各属皆产茶……石阡茶、湄潭眉尖皆为贡品。"民国二十七年（1938年）《新黔日报》载，"贵州茶之多，首推安顺，年产一千七百余担，而茶味之美，则以石阡茶为巨擘焉"，"石阡茶叶大有畅销全国之势矣"。石阡苔茶是当地各族茶农长期栽培选育形成的一个地方品种，母树属古茶树系列，抗逆性、适应性、产量、品质都比外地品种要更胜一筹。石阡苔茶产于山峦重叠的黔东地带——石阡坪山，这里气候温和、雨量充沛、云雾缭绕，曾是贡茶茶园。茶叶具有色泽深绿、茸毛多的特点，是试制绿茶的好品种，茶水清澈，清香回甜，不仅能沁心提神，还有败火退热之功。石阡县民间流行一句话："石阡茶，温泉水，天天喝，九十八。"据 1940 年《杨大恩乡土教材辑要》记载："民国二十五年贵阳开全省展销会，石阡茶获优质奖章。"中国茶叶流通协会授予石阡"中国苔茶之乡"称号，2009年，"石阡苔茶"获国家地理标志产品保护。

十、姚溪贡茶

姚溪茶产于贵州省沿河土家族自治县北部新景乡姚溪一带，属苔茶类，历史悠久。沿河古属思州，又称宁夷郡，山川秀丽，生态良好。《茶经》记载："黔中生思州、播州、费州、夷州……往往得之，其味极佳。"宋代著名词人黄庭坚的《阮郎归茶》所记："黔中桃李可寻芳。摘茶人自忙。月团犀胯斗圆方。研膏入焙香。青箬裹，绛纱囊。品高闻外江。酒阑传碗舞红裳，都濡春味长。"把当时黔中思州等地种茶人的繁忙景象描写得鲜活明朗，尤为详尽。明代画家唐伯虎曾感叹："走遍天下也，难找姚溪茶。"清人张澍《续黔书》谓："今沿河为思州……古以茶为贡赋。"民国《沿河县志》亦载："茶以县北姚溪所产为佳。"在当地土家人中曾流传着这样的顺口溜："名传世，姚溪茶，尖尖朝上到皇家。"龚滩古镇有一明清时期的对联写道："遥观拍岸惊涛古洞蛮王收眼底，细品姚溪雀舌轻风微拂豁胸怀。"姚溪茶条索紧结，色泽暗绿，白毫显露，醇香持久，汤色明亮，滋味鲜爽。

十一、梵净山贡茶

梵净山贡茶产于贵州省铜仁市梵净山，梵净山系联合国公布的六个"人与生物"保留地之一，属国家级自然保护区，是佛教圣地、旅游胜地。境内森林覆盖率高，植被茂盛，林木葱翠，溪明如镜，空气清新，茶叶在无污染、无公害的条件下生长，得天独厚，品质优异，其名品包括印江生产的"梵净翠峰""梵净雪峰""梵净绿茶""梵净山贡茶"和松桃生产的"松桃翠芬""松桃春毫"等。梵净山贡茶源于"团龙贡茶"，至今已有五六百年的历史，当地现今仍保留着 20 余株特大茶树。梵净山贡茶色泽隐翠，汤色内绿明亮，滋味浓纯鲜爽。1995 年，梵净山系列绿茶获中国乡镇企业出口商品展览"金杯奖"及第二届中国农业博览会"金质奖"。在 1997 年的第三届中国农业博览会上，被授予名牌产品，同年"梵净山"牌系列绿茶产品被国家技术监督局评为"质量信得过产品"。

第二节 土 家 茶 俗

一、传统茶饮

（一）油茶汤

油茶汤是土家族历史悠久的传统茶饮，受到广大土家人民的喜爱，也是当下吸引外来游客的特色饮品。同治《来凤县志》记载："土人以油炸黄豆、包谷、米花、豆乳、芝麻、绿焦诸物，取水和油，煮茶叶作汤泡之，饷客致敬，名曰油茶。"有的地方称之为擂茶，"取吴（茱）萸、胡桃、生姜、胡麻共捣烂煮沸作茶，此惟黔咸接壤处有之"。同治《咸丰县志》也载："油茶，腐干截颗，细茗、阴米各用膏煎、水煮，燥湿得宜，人或以之享客，或以自奉，间有日不再食则昏愦者。"民国《咸丰县志》记载更为明确，"土人以油炸米花、芝麻、黄豆诸物，和茶叶作汤泡之，名曰油茶。客至，则献之以敬。旅店中亦有鬻此者，行人便之"。各方志对油茶汤做法的记载大同小异。土家族民谣亦道"客来不办苞谷饭，请到家中喝油茶"，说明从古至今，油茶汤既是土家族招待贵宾的必备之物，也是家常饮用的重要饮品。土家族油茶汤的制作方法十分讲究，喝油茶汤的习俗十分悠久，许多人饮之成癖，有歌曰："三天不喝油茶汤，头昏眼花心发慌。"

　　油茶汤的制作，来源于中国最早的饮茶法——粥茶法。陆羽在《茶经》中转引魏张揖《广雅》云："荆巴间采叶作饼，叶老者，饼成以米膏出之。欲煮茗饮，先炙令赤色，捣末置瓷器中，以汤浇覆之。用葱、姜、桔子芼之，其饮醒酒，令人不眠。"唐代中期以后，随着茶圣陆羽所倡导的"三沸煎茶法"的流行，古老的粥茶法便逐渐被世人所遗忘了。但是土家族地区却保留着这种古老粥茶法的痕迹，这便是土家族常喝的油茶汤。从上述引文中，我们可以大致看出土家族打油茶的习俗和《广雅》中所记的粥茶是一脉相承的。现今的油茶汤制作更加考究，先将菜油倒入锅内，烧开后放入茶叶油炸，然后加水煮沸，加入阴米、粉丝、豆腐干、腊肉粒和炒黄豆、花生米、芝麻、玉米，再加入盐、姜、葱、蒜、辣椒等调料做成。成品色彩绚烂、浓香扑鼻、沁人心脾，饮后疲乏顿释、神清气爽。每逢佳节或喜庆日子，土家族人民群众往往煮上油茶汤，合家畅饮，并献给自己最尊敬的客人。民间有歌云："早上喝碗油茶汤，不用医生开药方；晚上喝碗油茶汤，一天劳累全扫光；三天不喝油茶汤，鸡鸭鱼肉也不香。"

　　油茶汤不仅制作方法考究，其饮用方式也别具一格。先把炸香的玉米、阴米等放入碗里，渗入油茶汤，只能用嘴喝，不能用筷子（有时可用一支筷子）。喝时必须把汤与浮在汤上的食物一起喝入口中，汤喝完，碗里食物也吃完。初次食用的客人都会闹笑话，或把汤与食物一起嚼，或喝不到浮在汤上的食物。随着旅游业的发展，喝油茶汤的习俗不仅在土家族农村地区延续下来，还进入了城市。有土家族特色的餐馆都为客人准备有油茶汤，顾客先用油茶汤，然后再吃饭。一些食品企业把油茶汤做成包装熟食食品，可以随时食用。土家族油茶汤还走出了国门，1991年4月在杭州举办的中国首届国际茶文化节上，来凤县土家族油茶汤表演队进行了五场油茶汤制作表演，各国专家品尝后，获得普遍赞誉，并受邀参加1991年7月在釜山市举办的第七届世界茶文化节，世代隐藏在大山中的土家族文化瑰宝逐步走向了世界。

（二）土家茶道——四道茶

在湖北恩施土家族地区，有一独具特色世代相传的土家迎客茶礼，名叫"四道茶"。

头道茶叫白鹤茶。白鹤茶的由来，与一个传说有关。相传一只白鹤从武陵山去大巴山取仙丹，逢容美大旱，白鹤遇难茶山，被土家阿哥咬破手指滴血相救。白鹤取回仙丹，又见阿哥在吃力地打井找水，遂吐丹于枯井，枯井顿时溢满了清泉，白鹤却因此献出了生命，白鹤井由此得名。用白鹤井的水泡容美茶，便称之为白鹤茶。容美茶曾是贡品，清初文人顾彩访古容美，留下了"惊世鹤之峰，绝代容美茶"的名句。头道茶也被称为"亲亲热热"，即用滚沸的白鹤井水冲泡的一碗容美茶，清淡素雅，意在热气腾腾待客。

第二道茶是泡儿茶。其制作方法是，筛选上乘糯米，用山泉水浸泡两至三天之后，再将泡涨的糯米用木甑或竹甑蒸熟，然后用簸箕摊凉阴干，阴干后的阴米洗净河沙后放在锅里用旺火爆炒。有贵客到家，茶碗上只放一根竹筷，从表面上看是供客人搅拌糖和泡儿之用，实质上沿袭土家人用芦管咂酒的遗风，有以茶代酒接风洗尘，与客人亲如兄弟的含义。

第三道茶是油茶汤，土家人认为油茶汤有"礼中之礼"一意，即油茶汤是招待上宾之饮品。油茶汤的制作在前面已经有详细的描述，此处不再赘述。当热情的土家人端上一碗热气腾腾的油茶汤摆在你的面前时，扑面而来的醇香会使你不饮自醉，独特的风味更让你铭心刻骨。

鸡蛋茶是土家"四道茶"中的最高茶礼，专门款待年长者和尊贵之客。鸡蛋茶就是在用蜂蜜冲泡的糖水碗里放三个煮熟剥壳的鸡蛋，晶莹剔透，香气浓郁。土家人认为，鸡蛋是生命延续的象征，同时一生二、二生三、三生万物，每碗茶放三个蛋，代表万事诸顺的含义。过去，客人喝茶后还要给"答谢钱"，现在只是作为一种礼仪，客人送给主人的是祝福，主人送给客人的是吉祥。鸡蛋茶在四道茶中被安排在最后一道，带有"压轴"的意思。

（三）罐罐茶

罐罐茶是土家族地区广为流传的传统饮茶方式，如今高山土家族地区还有喝罐罐茶的习惯。土家族人民热情好客，招待客人自然离不开茶。贵客落座，主人就在火塘里生起柴火，在土罐里盛上山泉水，待水沸后，放入茶叶，慢慢煎熬，直到熬成棕红色后才倒给客人喝，所以称为熬茶，或叫罐罐茶。这种茶，色、香、味俱好，既解渴提神，又生津解暑。唐代诗人郑谷在《峡中尝茶》里写道："蔌蔌新英摘露光，小江园里火煎尝。吴僧漫说鸦山好，蜀叟休夸鸟嘴香。合座半瓯轻泛绿，开缄数片浅含黄。鹿门病客不归去，酒渴更知春味长。"如今，在土家族农村地区仍然流行喝熬茶的习俗，主客边喝茶边摆龙门阵（即闲聊），交流情感，传递友谊。熬制罐罐茶还可以加入姜片，成为姜茶，喝时清香鲜美，有提神养气的功效。

（四）擂茶

在湘鄂川黔武陵山区一带的土家人，保留着一种古老的吃茶法，就是喝擂茶。擂茶，又名三生汤，是将生叶（指从茶树采下的新鲜茶叶）、生姜和生米仁等三种生原料混合研碎，加水后烹煮而成的汤，故而得名。相传在三国时期，张飞带兵进攻武陵壶头山（今湖南省常德境内），正值炎夏酷暑，当地瘟疫蔓延，张飞部下数百将士病倒，连张飞本人也不能幸免。正在危难之际，村中一位草医郎中有感于张飞部属纪律严明，秋毫无犯，便献出祖传除瘟秘方——擂茶，结果茶（药）到病除。其治病的原理为，茶能提神祛邪，清火明目；姜能理脾解表，去湿发汗；米仁能健脾润肺，和胃止火，所以说擂茶是一帖治病良药是有科学道理的。随着时间的推移，与古代相比，现今的擂茶，在原料的选配上已发生了较大的变化。如今在制作擂茶时，通常用的除茶叶外，再配上炒熟的花生、芝麻、米花等，另外还要加些生姜、食盐、胡椒粉之类的配料。通常将茶和多种食品以及佐料放在特制的陶制擂钵内，然后用硬木擂棍用力旋转，使各种原料相互混合，再取出一一倾入碗中，用沸水冲泡，用调匙轻轻搅动几下，即调成擂茶。也有少数地方省去擂研的步骤，将多种原料放入碗内，直接用沸水冲泡，但冲茶的水必须是现沸现泡的。以前农作的土家族兄弟都有喝擂茶的习惯，一般人们在外干活，中午回家在用餐前总以喝几碗擂茶为快。有的老年人倘若一天不喝擂茶，就会感到全身乏力，精神不爽，视喝擂茶如同吃饭一样重要。不过，倘有亲朋进门，那么，在喝擂茶的同时，还必须设有几碟茶点，茶点以清淡、香脆的食品为主，诸如花生、薯片、瓜子、米花糖、炸鱼片之类。

二、茶与人生礼仪

人生礼仪是指在人一生中几个重要环节上所经过的具有一定仪式的行为过程，主要包括诞生礼、成年礼、婚礼和葬礼。土家族许多地区的人生礼仪都与茶有密切关系。同治《咸丰县志》载："娶亲，男家请媒，茶定谓之过门，随具仪物庚帖，女家填写八字，长成，纳采，请期。"婚期定下来之后，结婚前一天男方要备盐、茶、米、豆到女方家过礼，用茶酒敬神祭祖，掌礼人颂《点茶词》。婚礼当天是恩施土家人尽情娱乐的日子，除了唱哭嫁歌外，还要举行拦门礼。当男方吹吹打打到女方家接亲时，女方家会用桌子将新郎拦于门外。男方随轿礼官必须上前与女方拦门官相互敬酒、点香、烧烛，一问一答比试智慧，若男方讲输了，要备三茶六礼，方得进门。婚后第二天要拜茶，这天早晨，新娘梳洗完毕后，由新郎指引端上茶盘向来道喜的亲友、长辈敬茶，长辈要给茶钱。对此乾隆《长乐县志》有载："合卺次日晨起，夫妇同拜见亲长，俗谓之见大小……凡亲长受新郎新妇拜茶者，当时必有馈赠，名曰茶钱。"结婚第三日，新婚夫妇要回到妻子娘家，称为"回门"，男方要备茶礼。田泰斗《竹枝词》写道："茶礼安排笑语温，三朝梳洗共回门。"生小孩后，产妇的娘家亲戚要备礼物去看望产妇及小孩，叫"送茶"。在恩施一带，老人去世后，要向亡者献茶，谓之"奠茶"。逝者子女向来吊唁者敬茶，并哭诉致谢，称之"哭茶"。茶在土家族人心目中是神圣和吉祥的符号，是人们联络情感、加强友谊的媒介，渗透于人生礼仪的全部过程。

三、茶歌

采茶工作辛苦劳累，湖北采茶人为解乏而创作出诸多茶歌，以调节单调的农田生活，如《六口茶》《茶歌》《采茶歌》《阳雀采茶》《茶号子》

等。这些茶歌，从不同侧面反映了土家茶农的生活、情操和当时的社会情态。土家茶歌有《采茶歌》《小采茶》《四季采茶》等几十种曲牌，以抒情咏志，歌唱生活，随性而发，且通俗易懂。

追求浪漫爱情是茶歌永恒的主题。青年男女往往以歌为媒，寄托情意，茶歌里也不乏恋情之作。恩施土家族的民歌中《六口茶》传唱最广。歌词中土家小伙开始发话，"喝你一口茶呀问你一句话，你的那个爹妈（噻）在家不在家"，以拉家常的方式，貌似漫不经心，实则暗有所指。土家女子热情泼辣，则回一句："你喝茶就喝茶呀哪来这多话，我的那个爹妈（噻）已经八十八。"六个回合后，女孩家里的情况已经了然于胸。《六口茶》的歌词简单中带着俏皮，朗朗上口。

还有对劳作的赞美。流行于建始一带的《茶山四季歌》唱到："春季里来茶发青，采茶姑娘笑盈盈。夏日炎炎三伏天，采茶姑娘在山间。秋风吹来菊花黄，炒的茶叶喷喷香。冬月里来雪花飘，茶女在家乐逍遥。"

茶歌中还歌颂人们互帮互助的优良传统。如同治《来凤县志·风俗》记载："四、五月耘草，数家共趋一家，多至三四十人。一家耘毕，复趋一家。"采茶往往是集体劳作，采茶女结伴而行，边采边唱，象征姐妹间深情厚谊的茶歌由此形成。如流行于黔江的《四季采茶》："春天采茶茶发芽，姐妹双双来采茶；风吹茶树凉风爽，姐妹双双摘细茶……夏天采茶热忙忙，头戴绿帽遮太阳；野鹿含花归家去，姐妹双双收茶忙。"流行于兴山一带的锣鼓茶歌，是一种富有战斗性的劳动歌曲，节奏明显，刚劲有力，歌词新颖轻快，唱起来朗朗上口，听起来振奋人心。你唱我答，大家齐声合唱，使枯燥的劳动变得活泼轻松，寂寥的大山也变得充满生气。茶歌不仅是采茶女之间情谊的表达，也体现出民族的精神和品格，土家人的热情、淳朴、互帮互助、乐于助人的品质在茶歌中表现得淋漓尽致。

四、茶故事

民间故事属于民俗文化，是下层人民喜怒哀乐的反映。由于茶与土家人生活息息相关，土家人巧思妙想，生出许多茶故事来，或是神仙与茶女的恋情，或是土司王逼茶税，或说名人与名茶等，内容繁多，情节曲折，表现了土家茶农的勤劳机智、乐于助人、不畏强暴的品格。如《白鹤井》讲的是鹤峰出产一种有名的龙井茶，其香气飘到武当山，引起太乙真人的好奇，于是就派白鹤童子去察看茶香从何处来。童子寻香前去，终于找到香气从鹤峰一处茶园飘出，于是白鹤童子就留下来向茶农向长生学习制茶技艺，并与向长生的女儿茶姑产生了爱情。土司王欲得到茶姑，就想方设法陷害白鹤，不料在害白鹤时，茶姑与白鹤一同掉进了龙井。一对白鹤从井中飞起，此井从此改名为白鹤井。这个故事既讲述了土家名茶的来历，表现了土家人的勤劳勇敢，不畏强暴的高贵品格，也记录了土家人高超的制茶技艺。故事情节生动感人，人们无不为茶姑和白鹤遭到陷害而痛惜，为他们化为比翼鸟而感到慰藉。它反映了土家人在土司制度下希望获得自由幸福的美好向往，既是一个有趣的故事，又是研究土司制度不可多得的民俗参考资料。

《武陵茶》讲的是清代著名人物张之洞到今酉阳土家族自治县去督考，途中劳累睡去，被蛇咬伤，茶叶上滴下的水珠正好滴在他的伤口上和嘴里，使他醒来。之后，他又慢慢走到一户人家，主人给他泡了一杯茶，张之洞喝后不仅全身舒爽，伤口也不痛了，张之洞就把此茶取名为"武陵茶"，从此成为贡品。这个故事虽然有虚构成分，但其不仅讲了武陵茶的来历，还讲了此茶的奇妙功效，既生津止渴，又能解毒祛邪。同时，这个故事还表现了土家人助人为乐的品德，是一曲土家人与汉族人民团结友好的颂歌。土家族的茶故事与茶歌一样，在把制茶、种茶的经验和技艺代代相传的同时，也把民族特质中勤劳、勇敢、机智、乐于助人的美德和善于思考的习惯传承下来，成为民族文化中的宝贵财富。

五、茶与文人文学

土家族只有语言而没有文字，留下来的书面文学并不多，加之种茶、采茶、制茶都是下层人民的事，所以在土家族文人的创作中写"茶"的作品并不多，尽管如此，我们仍然可以看到"茶"对文人文学的深远影响。早在明代，土司上层人物的创作中就有写茶的作品，《田氏一家言》有多处描写茶俗的作品。在溪州竹枝词中也有写茶的作品，如佚名的《采茶》写道："春山桃李烂如霞，女伴相邀笑语哗。今日晴和天气好，阳坡同采清明茶。"这首竹枝词描写的是春天土家族姑娘上山采茶的情景。长阳土家族诗人彭秋潭写的许多竹枝词中不少涉及土家族茶歌、茶俗，如"轻阴微雨好重阳，缸面家家有酒尝。爱他采茶歌句好，重阳做酒菊花香"，"灯火元宵三五家，村里迓鼓也喧哗。他家纵有荷花曲，不及侬家唱采茶"。从以上竹枝词中，足见茶歌对文人文学的影响。茶歌不但为下层人民所喜爱，也为文人所赞赏，不仅本土文人描写茶礼、茶俗，外地文人也有描写土家族种茶、采茶和茶俗的作品。如清初文人顾彩在今鹤峰县客居了三个多月，不仅对土家族的生活习俗、文化艺术、土司制度、兵刑政治有所了解，而且对土家族人民的生活也颇熟悉，他所描写的采茶人的生活十分真切，如在《容阳杂咏十四首》写道："妇女携筐采峒茶，涧泉声沸响缫车。湔裙湿透凌波袜，鬓畔还簪栀子花。"最具代表性的是其所写的《采茶歌》，前面已有介绍。此诗对土司制度下土家茶农的悲惨生活进行了淋漓尽致的描绘，如杜诗一样抨击了不合理的社会，不愧为土家采茶史诗。各地方志艺文志里也有不少优秀的茶歌，如李焕春竹枝词写到"深山春暖吐萌芽，姊妹雨前试采茶。细叶莫争多与少，筐携落日共还家。"这些描写土家族地区的茶诗，成为土家族文学园地中不可多得的佳作。

六、其他类

土家族地区还有许多关于茶的故事、谚语、谜语、歇后语等，是流传极广的口头文学。茶谚幽默精辟，寓意深刻，内涵丰富，如"人在人情在，人走茶就凉"（反映人情世事）；"头茶苦，二茶涩，三茶好吃无人摘"（反映茶的品质及采法）；"早晨发霞，等水烧茶"（反映天气）。著名的鄂西民间故事家刘德培老人，善讲茶谜，生动形象，如"干打皱，湿打开，吃哒喝哒原物在"；"生在青山叶儿尖，死在凡间遭熬煎，世上人人爱吃它，吃它不用筷子拈"；"黄泥筑墙，清水满荡，井水开花，叶落池塘"。茶谜风趣而充满睿智，极具生命力。

茶是人类交往和友谊的桥梁，是人类闲暇生活的养料。茶在土家人的生活中占有重要的地位，浸入土家人的物质生活和精神生活领域，成为人类茶文化的重要组成部分。

第五章 土家族酒宴文化

土家族酿酒的历史悠久，它对土家族人民的政治、经济、民俗、民族精神及民族文化都产生了深远的影响，形成了极富民族特色的酒文化现象。《饮膳正要》写道："酒，味苦甘辛，大热，有毒。主行药势，杀百邪，去恶气，通血脉，厚肠胃，润肌肤，消忧愁。"土家族居住地气候温和，雨量充沛，终年云雾缭绕，空气湿度大，被称为"烟瘴之地"。《来凤县志》言："山中侵晨，必有瘴气，非雾非云，弥漫山谷……丛岩邃谷间，水泉冷冽，非辛热不足以温胃和脾也。"土家人善饮与地理环境和气候因素密不可分。饮酒可祛风除湿，温胃健体，有利健康。再则山区溪泉遍布，污染源少，水质优良。同时土家族地区出产的苞谷、高粱及多种野生植物的根、茎、果都是酿酒的上等原料，为酿制美酒提供了必备条件。

从目前的文献来看，土家族的酿酒应肇始于其先民巴人。2005 年 5 月至 2007 年，贵州省文物考古研究所于彭水电站水淹区沿河自治县境内抢救性发掘新石器时代晚期至商周时期遗址群 10 余处，清理出大量遗迹和文物，在文物中发现了古代的烤酒作坊和酒器，从而证实沿河地区有五千多年的酒文化历史。《华阳国志·巴志》载："川崖惟平，其稼多黍。旨酒嘉谷，可以养父。野惟阜丘，彼稷多有。嘉谷旨酒，可以养母。"《太平御览》引《郡国志》载："南乡峡峡西八十里有巴乡村，善酿酒，故俗称巴乡酒也。"《水经注·江水》也载："江之左岸有巴乡村，村人善酿，故俗称巴乡清郡出名酒。"清、浊是古代鉴别酿酒技术的重要指标，巴人清酒有很高的知名度。《后汉书》中秦巴盟约称："秦犯夷（巴人）输黄龙一双，夷犯秦输清酒一钟。"土家先民很早就摸索出了调制酒的方法，唐代大诗人杜甫对巴地的名酒赞赏不已，其诗云："闻道云安曲米春，才倾一盏即醺人。乘舟取醉非难事，下峡销愁定几巡。"土家族继承了巴人优良的酿酒技艺，并加以发展。宋《方舆览胜》记："蜀地多山，多种黍为酒。

民家亦饮粟酒。"蜀地当为现川东土家族地区。《长乐县志》载："其酿法于腊月取稻谷、包谷并各种谷配合均匀，照寻常酿酒法酿之。"可见，土家族地区的酿酒技艺在不断进步，酿酒原材料也逐步丰富起来。

第一节　土家名酒

土家人热情豪迈，生活中好饮酒且善饮酒。每逢客至，必以酒宴招待，婚丧嫁娶，更是无酒不成席。嘉庆年间，长阳土家族诗人彭秋潭所写竹枝词赞美咂酒："蛮酒酿成扑鼻香，竹竿一吸胜壶觞。过桥猪肉莲花碗，大妇开坛劝客尝"。

一、咂酒

咂酒流行于我国南方诸多少数民族地区，咂酒是以往土家族地区最有名最富特色的酒，是土家族物质文明的结晶和精神文明的外化。咂酒还称杂酒，大抵是因杂粮酿制而成之故。买酒者，吸完加水，味尽而止，名曰咂酒。《咸丰县志》载："乡俗以冬初，煮高粱酿瓮中。次年夏，灌以热水，插竹管于瓮口，客到分吸之曰咂酒。"又云："咂酒，俗以曲蘖和杂粮于坛中，久之成酒，饮时开坛，沃以沸汤，置竹管于其中，曰'咂篘'。先以一人吸'咂篘'，曰开坛，然后彼此轮吸。初吸时味甚浓厚，频添沸汤，则味亦渐淡。盖蜀中酿法也，土司酷好之。"此外，《长乐县志·习俗》中亦载有张、唐、田、向四姓家酿咂酒的情况。清代龙潭安抚司田氏有诗赞《喝咂酒》："万颗明珠供一瓯，王侯到此也低头。五龙捧出擎天柱，吸尽长江水倒流。"

咂酒的酿造工艺十分独特，将已酿好的高粱糟或糯米糟贮藏于土坛里，用泥封好坛口，一个星期后，糟料再次发酵浸出半透明的酒水，无须蒸馏过滤，即可饮用。一般储藏一年或多年后，取出打开坛口，注入开水，使酒液浓度适中，用小竹管伸入坛中吸饮，可边饮边注水。其酒香纯正而不郁浊，酒味绵甜而不酸涩，酒性平和而不浓烈，男女老少皆可饮用。从现代土家族咂酒的酿造工艺来看，咂酒属于古老的粮食发酵酒（又称米酒）酿造系统。土家人还根据时令自酿美酒，如冬酒。"以冬月酿，至春三月开瓮，饮之色味俱似苏酒，颇佳。"类似的酒还有福米酒，也称甜酒，用糯米加苞谷酿成，装入坛中，待酿好后连糟一起食用。夏天可以加入矿泉水，可用竹筒轮饮，又称筒酒。

二、酒鬼酒

酒鬼酒产于湖南吉首市北郊酒鬼工业园区，产地处于亚热带湿润季风区，空气温润，四季分明，热量充足，降雨充沛，是酿酒的理想之地，而且还拥有湘西优质的酿酒窖壤。酒鬼工业园内的龙、凤、兽三眼清泉，清澈甘甜，春夏不溢，秋冬不涸，水温冬暖夏凉，成为酿制和勾调酒鬼酒的"血液"。酒鬼酒酿制技艺民间俗称"烧酒"，主要以高山云雾糯高粱、优质山泉为原料，采用"清蒸清烧"酿制技术，在窖泥制作、大小曲培养、酒醅酿制、地窖储存、科学勾兑等方面的精湛技术在当今白酒界可谓独树一帜。酒鬼酒酿制技艺有着悠久的历史，始于春秋战国，基本成型于唐宋，成熟在明清，并臻于完美，是湖南省第二批省级非物质文化遗产项目。现代酒鬼酒是著名画家黄永玉先生和湘西著名酿酒人王锡炳智慧的结晶，此酒外形包装质朴，酒味馥郁香浓。酒鬼酒依托地理环境的独有性、民族文化的独特性、包装设计的独创性、酿酒工艺的唯一性、馥郁香型的和谐性、洞藏资源的稀缺性六大优势资源，形成了"洞藏""内参""酒鬼""湘泉"四大产品系列，"浓""清""酱"三香和谐共生，"馥郁香型"白酒酿制工艺为国内独创，自主研发，并拥有独立知识产权。酒鬼酒曾荣获"中国十大文化名酒"、法国波尔多世界酒类博览会金奖、比利时布鲁塞尔世界酒类博览会金奖、中国首届食品博览会金奖、全国轻工博览会金奖等称号，被誉为"文化酒鬼酒，和谐馥郁香"。

三、野三关白酒

湖北省恩施土家族苗族自治州巴东县野三关地处三峡腹地，海拔约1300米，土质肥沃，苞谷丰茂，山泉连绵，气候宜人，湿度均衡，是天然的酿酒庄园。野三关苞谷酒凭借野三关得天独厚的自然环境，沿袭北宋酿酒古法，以富含硒元素的苞谷和山泉水为主要原料精酿而成，具有纯天然苞谷酒独特的清香、绵甜之特点。

野三关地区酿酒技艺具有悠久的文化传承，丰富的历史传说为野三关酒披上了一层神秘的面纱。相传在很久以前，山西一户姓王的人家以酿酒为生。大儿子王子太从小随父学艺，深谙酿酒之道，并一心想把酿酒技艺传授四方，福泽天下，于是他只身南下，沿途在坊间传授酿酒之技，翌日，王子太登上了"连峰去天不盈尺"的野三关，他被清澈的山泉、朴实的民风所吸引，于是留了下来，以响水洞为家，用当地盛产的青稞杂粮作为原材料，酿出了清香醉人的白酒。后来他娶了谭氏为妻，入乡随俗，后人随母姓谭，谭氏人丁兴旺，继续以酿酒为业，"谭家村酒坊"因此得名。西汉夏阳人司马迁，元封三年（前108年）出使巴蜀，登上了海拔1200米的雪山，来到酒香十里的谭家村，清香纯正的苞谷酒留住了司马迁的脚步，他回望那绵延起伏的山岭，惊叹道"此为天下第三关也"，并乘兴疾书"野三关"。唐代诗人李白穿越蜀道途经野三关，酒后诗兴大发，挥毫写下千古绝句"雄关横亘巴蜀道，不锁酒香三千里"。

还有个传说与北宋名相寇准有关。北宋太平兴国六年（981年），寇准年方二十，知县巴东，至野三关劝农稼穑，以粮造酒。端拱二年（989年），寇准因奏事殿中，得宋太宗恩信，官至宰相，仍念巴东，遂授宫廷酒艺于其友柳开。柳开为柳公权五世孙，时为北宋名士，复将酒艺传至野三关，民感其德，名为"柳氏酿酒秘籍"。野三关地区土家儿女世代传承，以酒为生，遂有"土家茅台，千年野三关"之谓。传统酿酒作坊遍布野三关的街头巷尾，诞生了诸多知名品牌，如"三峡酒业""谭家村酒业"等。

四、保靖白酒

保靖白酒产于湖南省湘西土家族苗族自治州保靖县，地属秀美的武陵山区。武陵山秀水幽，保靖经典浓香型白酒是土家地区得天独厚的地理环境与民间古法酿造工艺结合而成的精华，蕴含了历代酿酒师的心血，被称为"湘西五粮液"，是过去水田河墟场（节庆时赶场的有万人之多）重要的交易物资。保靖水田河酒业白酒秉承传统工艺，精选高粱、糯米等优质五谷，端午节踩曲，重阳投料，利用了高温制曲、高温堆积、高温入池、高温发酵等先进工艺，一年一个生产周期，再经3年以上陈酿窖存，加上原料进厂，至少5年以上才能产出，长时间的酝酿、陈放培育出幽雅细腻、协调丰满的酒品特征。保靖县水田河酒厂2005年被评为湘西土家族苗族自治州级粮食加工重点企业，在当地享有盛誉。

五、梵净山酒

梵净山酒产地位于贵州省铜仁市的印江、江口、松桃（西南部）三县交界的"梵天净土"——梵净山区域，是我国著名的佛教圣地。梵净山地区受东南亚太平洋季风控制，属亚热带季风性湿润气候区，夏季受东南海洋季风影响十分显著，冬季一般受寒潮影响较小。梵净山保存了亚热带原生生态系统，自然资源丰富，具备酿造美酒的良好条件。此地代表性企业铜仁净山酒业有限公司前身是贵州省江口县国营酒厂，始建于1952年，是一家有60多年历史的"贵州老字号"，主导产品有"梵净山"酱香系列，产品选用优质高粱、小麦为原料，以独特生产工艺和现代先进科技精工酿制，具有窖香幽雅、绵甜醇厚、协调甘爽、味净香长的独特风格。梵净山酒先后荣获"贵州省著名商标""贵州老字号""中国著名品牌""贵州绿色优秀生态企业""贵州省商标战略实施示范企业"等称号。

第二节　土家酒俗

酒渗透于土家族人民整个生产生活活动中，它与土家族人民的宗教信仰、民族性格、民风民俗结下了不解之缘。土家族是一个勇敢、豪放、乐观的民族，豪放的民族性格和浪漫的生活方式与酒恰好相辅相成。饮酒加强了民族豪放、无拘无束的个性的体现，而豪放的民族个性、乐观豁达的民族精神、重节日喜庆的民族生活方式也加速了酿酒业的发展。土家族的酒与民族精神、民族生活方式休戚相关，土家族制造了酒文化，酒文化又塑造出一个勇敢、豪放、乐观的民族。

一、饮酒习俗

"咂酒"既可以理解为名词，也可以理解为动词"咂"酒，所以咂酒既是一种酒品，同时也是一种特殊的饮用习俗。

早在唐宪宗元和年间，白居易赴忠州任刺史，在路过三峡时作了一首描写土家咂酒宴会场面的诗，题为《巴民春宴》："巫峡中心郡，巴城四面春。薰草铺坐席，藤枝注酒樽。蛮歌声坎坎，巴女舞蹲蹲。"这说明土家族咂酒最迟在唐代即已形成，是古代巴人饮酒习俗的一种遗风。

光绪《长乐县志》详细记载了土司以咂酒款待宾客的情形，"土司有亲宾宴会，以吃咂抹坛为敬。咂抹云者，谓前客以竿吸酒，以巾拭竿，请客饮也。酒以糯米酿成，封于坛中。款客则取置堂荣正中，沃以沸令满，以细竹通节为竿，插透坛底"，"每一坛设桌一，桌上位及两旁，则各置箸一，而不设坐。客至，以次列坐左右。毕，主人呼长妇开坛肃客。妇出，正容端肃，随取沸汤一碗，于坛侧就竿一吸，毕，注碗水于坛，不歉不溢谓之'恰好'。每客一吸，主人一注水。前客吸过赴桌，再举箸，而后客来，彼此不以为歉也。凡吸歉溢皆罚再吸，故酒虽薄亦多醉"。《咸丰县志》则记述了民间咂酒的情形："俗以曲蘖和杂粮于坛中，久之成酒，饮时开坛，沃以沸汤，置竹管于其中，曰'咂筸'；先以一人吸'咂筸'，曰'开坛'，然后彼此轮吸。初吸时味甚浓厚，频添沸汤，则味亦渐淡。"嘉庆《恩施县志》、同治《来凤县志》、光绪《巴东县志》等俱有类似记载。

咂酒激发了文人创作和思考的灵感，蕴涵着津液交流、共享一瓮的关系，实质上集饮食、聚会、娱乐于一体，成为土家族调节社会关系的一种重要手段。它符合土家族人民的民族心理，便于集体的情感交流，反映了中国古代哲学中"和"这个概念对土家族民族思想的影响。土家族人民还通过咂酒这种方式来隐喻社会规则，区别上下，明辨主客和长幼，成为土家族传统礼仪重要的外在表现形式。咂酒作为土家族文化的重要载体，具有丰富的表现形态、悠久的历史渊源、深厚的文化内涵。

二、酒与节令、祭祀

由于土家文化早先受楚文化、蜀文化的影响，后来又受汉文化及周围地域文化的影响，既保留了原始社会自然崇拜的痕迹，又吸收了汉文化的一些成分。过去土家族地区"信鬼崇巫"现象极为普遍，有信仰必然有各种祭祀活动和仪式，献牲送礼是祭祀活动的重要环节，酒是必备之物。土家族最信仰的是白帝天王，即白虎神，若遇家有疾病，都会到天王庙烧香许愿。待病好后，即前往神前献牺牲，请土老师（巫师）礼祭还愿。祭毕，就在神像前招待族人、亲戚畅饮。每遇有争论冤屈之事，也须到天王庙前盟誓。刺猫血滴在酒内喝下去，叫作"吃血"，祈求神断，吃血后必须发誓"你若冤我，我大发大旺，我若冤你，我九死九绝"。吃血后不能反悔，吃血后三日，要献牲酬愿，谓之"悔罪做鬼"。《续修鹤峰州志·杂述》载："大二三神，田氏（土家大土司）之家神也。刻木为三，其形怪恶，灵验异常。求医问寿者，往来相属于道。神所在，人康物阜，合族按户计期迎奉焉。期将终，具酒醴，封羊豕以祭之，名曰喜神。"《北山酒经》载："酒之于世也，礼天地，事鬼神。"酒用于祭祀是世界文化史上的普遍现象，影响及至今日，土家人以酒祭鬼神打上了民族的印记，成为民族酒文化的组成部分。

节日文化是一个民族文化中不可或缺的重要组成部分。土家族月月都有节日，所有的节日几乎都和祭祀有关系，也都离不开酒。正月有"春酒"。道光《施南府志》载："春酒彼此招饮。上九夜：龙灯狮灯，索室驱疫，灯火花爆相竞，至元宵止。"谚语云："正月大摆手，家家有肉酒。"说的是摆手节的祭祀活动。二月有"社酒"，祭祀土地神。土家族这一天要到土地庙前给土地神拜寿。燃香烛，摆上酒菜，磕头许愿，以求土地神大发慈悲，保佑五谷丰登。三月有"祭祖酒""祭山酒"。祭祀活动，即祭祖先、祭土王。"清明酒醉，腊猪头有味"，说的是土家族清明挂青祭祖，人们会带上酒和腊猪头，全家围坐在祖先墓前，与祖先一道喝酒、吃肉，祈求先人保佑子孙。四月有"牛王生日酒"，说的是四月十八是牛王菩萨的生日，"宰豕为大脔糁，糯米蒸之，祭祖先兼延客"。五月有"端阳酒""雄黄酒"；六月有"祭土王酒"。六月六是为纪念土王抗击暴政战败身亡，要杀牛取"十全"（肉、心、肝等），还要带蒸饭和美酒到土王祠供大王，然后全村人聚餐。七月有"祭祀亡灵酒"。农历七月十五，是中国传统中的重要节日——"中元节"，它在诸多文化流派中称谓不尽相同，道教称之为"中元节"，佛教称之为"盂兰盆节"，而民间则直接称之为"鬼节"，土家人称之为"月半"，从"年小月半大"的说法就可以看出土家人非常重视这个节日，要用美酒佳肴供奉，并用香纸祭祀逝去的先人。八月有"送瓜酒"。八月中秋夜，把偷来的南瓜用红丝带缠住放在盘子里送给望子之家，称为"送瓜"（过去送瓜还鼓乐喧嚣，今日已很少见），主人则摆设酒宴款待送瓜的人。如果真的很快生了儿子，得子的人家便又要用酒席酬谢送瓜的人。九月有"登高酒"。志云："九月九日，士人携酒登高，捣米粉为糕，曰重阳糕。"用糯米和高粱拌菊花酿造重阳菊花酒，俗话说："要喝重阳酒，土家寨子走。"腊月还有"除夕酒"，除夕"洁治酒馔，祀祖先"等，都是酒与节令密不可分的最好说明。"赶年"这一天是土家族极为注重的节日，也是家人团聚的日子，年夜饭是一年中最为丰盛的酒席，即使平时不喝酒的人们，这一天也要喝点果汁酒或米酒，以示庆贺。"赶年"要将屋内屋外所有的大小神灵一一祭遍，以酬谢众神在这一年中对自己的保佑。土家族若遇灾有难，便认为是得罪了神仙，是神灵在作怪，也要备酒肉请人举行一系列的娱神活动，以求神灵宽恕。梁代徐君倩在《共内人夜坐守岁》一诗中写道："欢多情未极，赏至莫停杯。酒中喜桃子，粽里寻杨梅。帘开风入帐，烛尽炭成灰。勿疑鬓钗重，为待晓光催。"由此可见，除夕守岁是要饮酒的。土家族除夕守岁饮的是"火塘酒"，边饮酒边听长者用本民族语言吟唱歌谣，讲述本民族所经历的艰苦磨难和祖先们的创业历程，美酒中蕴藏着一个民族的传统文化。以上观之，酒在土家族的祭祀活动和节日文化中占有显要位置，几乎到了无酒不成节的程度。

土家族农事活动也要有酒，栽秧要有"栽秧酒"，除草有"薅草酒"，打谷有"打谷酒"，以酒抒发缅怀先祖、追求丰收富裕和庆贺丰收的情感。土家族店铺作坊开张，有"开业酒"，新屋落成，有"上梁酒"。土家族"上梁酒"别开生面，意趣特别。上梁仪式中，掌墨师须一边攀梯上梁，一边吟诵着精彩的上梁词，爬上屋梁后，一边喝酒，一边赞酒肉："美酒甜，美酒香，制造美酒是杜康，杜康造酒千家醉，一处开坛十里香，平日拿酒待客人，今日拿酒点栋梁：一杯酒来点梁头，主东发财扬九州；二杯酒来点梁腰，华堂落地万年牢；三杯酒来点梁尾，地美人美万事美。"随后掌墨师便向人群中抛粑粑，于是屋下的人们你抢我夺，好不热闹。上梁酒仪式，一是庆祝乔迁之喜，二是祭祀神仙祖宗，以求保佑。此外，木船下水有"启驾酒"，升学有"状元酒"，搬家有"乔迁酒"，酒在土家人的生活中无时不在，无所不有。

三、酒与红白喜事

土家人从降生即与酒结缘，酒伴随土家人的一生。"改土归流"前，土家族青年男女的婚姻是自由的，后来受"父母之命，媒妁之言"封建思想的影响，当婚事定下之后，每逢节日或女方家有大事小事，男方均得送礼。《长乐县志》云："聘定后，每于年节必多备酒盒，遍送女家族戚，谓之朝年。"娶亲前三天，男方派人挑上酒、肉及新娘的衣物到女方家过礼。迎亲将及门，必于门外设一方桌，上列香、烛、酒、帛、鸡，或蛋一个、米一升，请士人端拱，祝女家宅神。发亲之前，女家要办酒席陪十姊妹，称"戴花酒"。出嫁之日，女方兄弟穿着草鞋跟轿到男方家吃酒，叫"赶脚酒"。男方则要办"陪郎酒"，婚后三天新郎新娘回娘家叫回门，娘家要办"回门酒"。同时要给媒人办果酒一席，叫"接风酒"。土家人整个婚礼充溢着酒的气息，散发出浓浓的酒香。

接亲时，男方送一坛酒到女方家，待生小孩后，由娘家用这坛子装上甜酒送去，俗称"今天吃火酒，明年吃甜酒"。小孩出生后，要办酒席叫"送饭酒"，满一个月时要办"满月酒"，满周岁时要办"抓周酒"。老年人过生日办的酒席叫"整生期酒"。若老年人过世，要举行跳丧活动，歌舞相伴，边唱边饮酒吃黄豆，叫"喝黄豆酒"。对此，《长乐县志》载："家有亲丧，乡邻来吊，至夜不去，曰伴亡。于枢旁击鼓，曰丧鼓，互唱俚歌哀词，曰丧鼓歌，丧家酬以酒馔。"土家人有事必有酒，事事不离酒，时时事事充满浓浓的酒味。酒在土家人的生活中无时不在，无所不有。

土家族相当注重为婴儿举办诞生礼仪式，既为了祝贺新生命吉祥，也为了替产妇驱邪，带有浓郁的神秘色彩。婴儿诞生后，第一个来产妇家的人，谓之"踩生"，产妇家要煮红糖糯米甜酒鸡蛋，泡阴米子茶，热情招待踩生的人。婴儿出生三日内，婴儿的父亲要带一只鸡、一壶酒去岳父家报喜，若生的男孩，就带公鸡；生的女孩，就带母鸡。岳父家则根据性别备办"打三朝"的礼品。小孩出生满十天，产妇家还要大摆酒宴，为小孩办"祝米酒"，请亲朋好友前来祝贺，第一胎出生的小孩"祝米酒"特别热闹。

小孩满一岁，要准备酒席办"抓周酒"。岳父家在小孩满周岁时要准备各种礼品，如玩具、书、食品等物，让小孩自己去抓，谓之"抓周"，以此预测小孩的前途。如果抓到书，就象征着小孩学业有成、前程似锦。

土家族成年礼与周代风俗"八礼"中的"成年礼"一样，大多有声有色。土家族的成年礼也称冠礼，一般在婚礼前一天举行，新人穿上新衣新裤新鞋，包上新包头，先举行祭祖仪式，然后摆酒宴，男的请九个小伙子陪侍，女的请九个未婚姑娘陪伴，以酒庆贺自己走向成熟。后来冠礼的习俗逐步与婚礼习俗融合。

土家人结婚要请人喝"喜酒"。土家族婚姻的每一道程序都离不开酒，俗话说："天上无雷不下雨，地下无媒不成双。"土家族受封建道德思想束缚，未婚男女相恋一般都须有媒人说合。媒人想为某两家做媒，就示意两家青年男女暗地相面，双方满意，男方就正式请媒人到女方家求婚，女方同意后，男方便准备酒肉，请媒人送到女方家，女方就请内亲外戚吃酒，名曰"放口酒"。吃了放口酒，男方接着准备酒肉，由媒人送给女方，准备"讨八字"。八字相合，男方就择日定亲，定亲时又须给女方送酒肉、衣服、首饰等表示正式订婚，最后才能举行婚礼。在整个过程中，媒人起了重要作用，她是男女双方的"传话筒"和情感联系的纽带，因此在婚礼上男方要给媒人敬酒，谢媒人："一杯酒，谢媒人，你把红线牵；二杯酒，谢媒人，你把路儿跑；三杯酒，谢媒人，你把话儿传；四杯酒，谢媒人，你把信儿捎……"酒将全场气氛烘托得热闹非凡。新郎新娘拜堂后双方同时奔向洞房，抢坐新床，争夺未来在家庭中的地位。夺床之后，夫妻共饮交杯酒，以酒寄托白头到老和对爱情忠贞不渝的愿望。

土家族老人过六十、七十、八十岁生日，儿女或孙子还要为他办"寿酒"，邀请亲朋好友前来庆祝，席间若无酒，就无法表达足够的心意。

红白喜事必备酒。土家族长期生活在大山中，与外界接触极少，但每一群体内部却交往甚密，谁家有婚丧嫁娶、修房造屋、栽秧割谷等事，若邻里主动帮忙，主人无须给帮忙者工钱，只需以酒进行热情招待。

四、酒与文学

自从有了酒，酒与文学就结下了姻。饮酒、酒俗在土家族文人笔下变花样地反复出现。竹枝词是一种诗体，是由古代巴地的民歌演变而来。唐代刘禹锡把民歌变成文人的诗体，影响深远。土家族诗人田泰斗写了不少竹枝词，从中可找到许多写酒俗的歌，如"出门真果见嘉宾，当道华筵点缀新。四面箫声一樽酒，风前宛转劝冰人"，这首竹枝词写的是新婚后给媒人办接风酒的习俗；又如"敬酒人来立下方，衣冠郑重貌端庄。昨宵演过好辞令，一到筵前却又忘"，这首竹枝词描写的是在婚筵上选择一个能说会道者领着新郎敬酒的情景，虽然头天晚上彩排过，但到席前却忘光了，读后令人捧腹。

明末清初，在容美出现了中国文学史上少有的连续七八代的文学世家，他们的作品后来收入《田氏一家言》中。尽管沧海桑田，兵燹不断，但仍可从残存的 488 首诗文中得见数十首关于酒的作品，如田玄的"儿童未解意，柏酒过相劳"，田甘霖的"酒罢还吟咏，斜阳已就睡"，田九龄的"去年中秋月，长筵绿酒新"，田宗文的"嗷嗷猿声夜已分，松风寂历醉中闻"，田圭的"有酒常自酌，宛然古陶家"，田舜年的"兀坐琴三弄，闲吟酒一巡"，等等。以酒赋诗，寄情言志成为田氏文人群体作品中一项重要内容，土家人爱酒，土家文人更是癖酒。

（一）酒与民间文学

民间文学产生于人民大众之中，是劳动人民在生产生活中创造出来的。经过历代口传心授，得到不断的丰富和完善。在丰富的土家族民间文学中，与酒有关的作品俯拾即是。在歌谣方面，如《十二杯酒》以酒为引，把一年十二个月的气候变化和农事活动全部有序地排列出来，从"一杯酒儿正月定，立春已到迎新春，雨水有水不一定，一寸黄土一寸金"唱到"十二杯酒腊月定，小寒大寒水结冰，二十四节有一定，大寒到了动工程"。看起来似乎重复拖沓，实则通俗易懂，有较强的科学性。特别是每个月以"一杯酒"起头，起到了提示和强调作用。又如《十杯酒》把土家青年男女恋爱过程的心态生动地描绘出来，酒歌成了恋人抒发感情的媒介。还有《斟酒歌》《酒歌》等。这些歌谣犹如一幅生活风俗画卷，涉及土家族社会的多个层面，是一部不可多得的风俗史。

（二）关于酒的故事

与酒有关的故事也不少，如《土地佬找酒吃》《酒鬼县官》《酒谜》《卖酒掺水》《四秀才饮酒》等，一个个酒故事引人入胜，妙趣横生。一方面折射出土家人爱酒如命的民族习惯，另一方面也讽谏了嗜酒贪杯的各色人物。一篇篇朴实生动的酒故事就如一部土家人饮酒的百科全书。如酒神传说，湘西人酿酒起于何时已无从考究，但"酒神娘娘"凄美动人的传说却在苗族巫师的《酒歌》里吟唱了千百年：一位美丽的"黛帕"（阿妹）在为家人送午饭的途中迷恋上会唱山歌的"黛崔"（阿哥），就将饭菜用桐叶包好埋藏在开满兰花的草丛中，然后去与心上人对歌约会，结果耽搁了家人的农事，被气极的哥哥误伤致死。数天后悔愧的家人却在她埋藏饭食的兰草中，找到了制造甜酒的秘密。乡民们都说姑娘没有死，而是被天宫召去成了掌管人间酿酒的酒仙神女，当地人都尊称她为"酒娘娘"，并奉敬她为"酒神"，都说天边那闪亮的"酒旗星"就是她美丽的化身。"酒娘娘"以其年轻如花的生命换来芬芳美酒，湘西的大山深处于是便有了酿酒的技艺，让土家族人民代代衣钵相传。

（三）酒与戏曲

土家族的乐舞艺术继承自其先民巴人，又加以发展，从巴人到土家族的表演艺术中，不难找到酒与艺术的亲缘关系。白居易《巴民春宴》写道："巫峡中心郡，巴城四面春。薰草铺坐席，藤枝注酒樽。蛮歌声坎坎，巴女舞蹲蹲。"诗中给我们展示了一幅古代巴人把酒观歌舞的情景。土家人对此进一步发展，不仅饮酒"唱蛮俚曲"，跳丧也饮酒助兴。特别是土家人饮酒观戏习俗很别致，顾彩在《容美纪游》中记载："十三日，以关公诞，演戏于细柳城之庙楼。大会将吏宾客，君（田舜年）具朝服设祭。乡民有百里来赴会者，皆饮之酒。至十五日乃罢。"被称为"土家艺术之花"的南剧，也有饮酒观演的习俗。土家族饮酒观演不只是上层人物有此特权，"满胫黄泥者""乡民"也如此，表明饮酒看戏习俗的普遍性、全民性。酒与表演艺术的结合，使人得到极致的艺术享受，证明土家人不仅会创造艺术，更会享受艺术。

第三节　土家宴席文化

土家人重要的节庆、红白喜事都要大摆宴席，称之为"坐席"。土家山寨的人们在宴席活动中非常注重礼仪规范，如对着大门的一方为"上席"，土家人称之为"上八位"，上席要让德高望重的长辈坐，遇上几位都是年老的长辈，就礼让辈分最高的人坐上席。热气腾腾的菜肴送到桌上后，老年人先动筷子并示意后，众人的筷子才能同时举向同一碗菜。喝酒时，用一个大土碗盛满"苞谷烧"，由年老的先喝，按逆时针方向依次喝一口传递下去，有些喝"哑酒"的味道。当你不胜酒力要吃饭时，必须对老人说"您慢慢喝酒"后方才能吃。吃毕要将竹筷放在碗上，意即已吃过，并向众人说"慢慢吃"后，方可离席。一顿风味十足的土家酒席，高朋满座，阵容庞大，热闹异常。

一、十碗八扣宴

"十碗八扣"是土家族地区婚丧嫁娶、喜筵寿诞等重大喜庆节日款待贵宾的高档筵席，有固定的上菜流程和菜谱。婚宴称"红喜"，主人召集主要亲属商议后请主厨和帮厨、打盘传菜、倒茶递烟等工作人员，并用红纸写成名单，张榜公布。婚嫁酒席要连续办三天，菜的品种较其他酒席略有变化。土家族同胞将丧酒称为"白喜"，按传统的规矩，即"人死饭门开，不请独自来"，也就是说，若有人家办丧事，不管大人、小孩都必须至孝家帮忙。孝家则用白纸写成名单贴在显眼处。贴名单时间的长短，由灵柩上山的时间来确定。

"十碗八扣"宴的主要菜品有：第一碗俗称"头子碗"，一般上铺肉糕、苕粉、豆芽或黄花垫底，中间即所谓的"八扣"。十碗均使用农家常用的土碗，先在碗内涂抹油脂，防止原材料粘在碗底。将准备好的食材、调料放进，上格蒸熟，然后以大碗扣上反转过来，揭去盖碗，成菜形制统一，油亮光滑。最后一碗一般是汤菜，海带排骨汤、虾米肉丝汤等均可。"十碗八扣"不仅菜品丰富，而且还有相应的上菜礼仪。开席第一碗，端大盘子的人高喊一声"大炮手——"，长长的拖腔直到席前，随之鸣炮，响匠（鼓、锣、唢呐、钹等民间乐器组成的器乐乐队）吹起欢快的"菜调子"，主人便前来敬酒，客人边吃边上菜。接着出第二碗，端大盘子的人高喊"顺——"，"菜调子"又吹起……直到上第十碗，端大盘子的人一声"齐——"后，响匠便开始吹"下席调"，稍后客人的饭也就吃完了。客人坐席的席位按上下左右，各分大小。十碗菜的菜谱，比较规范的说法是"一碗头子、二碗笋子、三碗鸡子、四碗鲜鱼、五碗蒸呷、六碗羊、七碗圆子、八碗肚子、九碗正肉、十碗汤"。十碗菜在桌上的陈放也有规矩，或摆"四角扳爪"（主菜放在四角定位）或摆"三元及第"。除十碗菜以外，上下还要配腌菜碟两个，为客人解酒解腻。

重庆市石柱土家族自治县的"十碗八扣"宴将本地的特色小吃列进了菜单，如石柱土司绿豆面，以绿豆、大米、青菜汁等为原料制成，近似于米粉；桐子叶苞谷粑，原料为玉米面、白糖，外用桐子树叶包裹蒸制；清明菜粑（又称毛香粑），以清明菜（俗称毛香）加面粉蒸制，是清明节前后农户普遍做的农家小吃；红糖米米茶，用米花糖加红糖，用开水冲吃；斑鸠叶豆腐，用野生斑鸠树叶榨汁做成。

二、赶年宴

土家族有过赶年的习俗，在农历腊月三十的早晨，土家族家家门口，都红灯高挂，鞭炮齐鸣，因为这是土家人开始过赶年的时候。

土家人在过赶年时，先把菜全部上桌，再盛一碗饭，加一些荤菜，饭碗上放一双筷子，此时土家人先祭拜他们的祖先，然后家人上桌后开始赶年。土家人年餐菜都必须是自家养的和自家产的，自家养的如猪、牛、羊、鱼等，自家产的如红薯粉、黄豆、青菜，等等。

土家人的赶年餐每道菜都有它的含义，如土家三样（血豆腐、腊猪肝、腊香肠），当土家儿女在桌上看到这三道菜时就会体会到父母一年来的辛劳；土家红曲鱼，这意味着年年有余；大块猪头肉，在猪头肉没有被切碎之前，须先祭拜自家的祖先，然后将猪头肉切好上桌，这是土家人在桌前吃的第一道菜，所以也称为"土家第一肉"；香菇炖鸡，老母鸡一直被认为是良好的滋补品，在农村地区，父母平时自己舍不得吃，只有等到农历腊月三十也就是土家族过赶年时，父母才能盼到儿女们团聚，这时候就会毫不犹豫地将老母鸡炖给儿女们吃。另外，土家人年餐桌上都会有青菜、豆腐，意味着父母让儿女们在外面做事平平安安、清清白白。

土家赶年餐全席食谱（示例）如下。

第一道：土家腊猪肝（原料：自制腊猪肝、自制盐菜）。

第二道：土家血豆腐（原料：自制豆腐、花椒、辣子、陈皮）。

第三道：土家香肠（原料：猪小肠、瘦肉、花椒、辣子、陈皮）。

第四道：土家红曲鱼（火锅）（原料：7斤以上的草鱼、红曲）。

第五道：大块猪头肉（原料：腊猪头肉、干葱头）。

第六道：大块腊肉（原料：自制腊肉、蒜苗）。

第七道：香菇炖鸡（原料：香菇、自养土鸡）。

第八道：鸡汤红薯粉（原料：自制高汤、正宗红薯粉丝）。

第九道：米汤青菜（原料：青菜、米汤）。

第十道：煎大块豆腐（原料：自制豆腐）。

第十一道：土家点心（原料：粘米粉、糯米粉、黄豆粉、红糖）。

第十二道：农家水果拼盘（原料：各种水果）。

三、三点水席

恩施北部地区，每逢婚姻嫁娶、生辰喜庆（小孩祝米酒、老人寿宴）、新房落成、小孩升学等"红事"，亲朋好友都会前去祝贺，并带上一份礼物、点燃几挂鞭炮，主人则"磨刀霍霍向猪羊"，大宴宾客。土家人把传统的宴席办成"三点水"席，即由三道上菜程序组成的宴席。

最先上桌的是各种采集的果品（如核桃、板栗、柑橘、葵花籽、南瓜子等）及一些炸制的点心。这些食品不需要在宴席上吃完，它们由"知客先生"分发给席上的宾客，宾客们用手绢把它们包着带回去给家人，称为"折实"。这些炸制品有麻花、馓子、金果、麻意儿、翻三儿等。麻花、馓子各地均较常见，制作方法类似，但金果与"京果"还有较大差异，它以面粉配一定比例的糯米粉为原料，而且在油炸过程中因油温更高而色泽更加黄亮，是以称为"金"果。麻意儿的原料配方与金果类似，但将原料切成1.5厘米见方后要裹上一层白芝麻，吃起来香酥可口。最有特色的应该是"翻三儿"。它是把长宽厚各约7厘米、3厘米、0.3厘米的面皮，顺着面皮长的方向，在中间部位用刀均匀地划上三刀，然后将其一端从中间的刀口中穿过去拉直，以160摄氏度高温油炸，成品似一只翩翩起舞的金蝴蝶。这些油炸食物酥脆可口，若是再裹上一层糖霜，味道更佳。"第一点水"一般有9个品种左右。

"第二点水"是下酒菜。土家族地区的菜品烹制颇得楚菜精要，但从选料和口味上来说，受川菜的影响更大——多麻辣味型，口味较重。下酒菜一般包括爆猪肝、爆肚尖、红烧排骨、青椒肉丝、豆豉炒腊肉、烧全鱼、拌海带等，一般上12个菜左右。席间欢声笑语，觥筹交错，其乐融融。土家人热情好客，好饮酒且善饮酒，并谓之"酒醉聪明汉，饭胀死木头"。面对那些豪饮至醉的人，大家反而大增敬佩之情。

"第三点水"才是专门填饱肚子的下饭菜，一般有炒豆芽、"三扣"、蒸棱角、炒魔芋豆腐、酥肉、烧鸡块、三鲜汤、青菜等8～10个菜肴。三扣是用三种不同垫底做成的扣肉，一般由"盐菜扣肉""酢辣椒扣肉"和"豆豉扣肉"组成。蒸棱角是用上好的坐臀肉，经油炸上色，改刀成三棱柱形，覆以当地盐菜蒸制而成，工艺流程与扣肉类似，色泽和口感至关重要。传统的制作工艺是将煮至断生的坐臀肉皮上抹上蜂蜜、白酒的混合液体，放入高温油锅中走油，冷却后切片装盘蒸制。充分利用高温油法原理和焦糖化反应原理，所以成品色泽红亮，香郁酥软，肥而不腻。

这种宴席程序复杂，大部分被"两点水"席所代替，即将后面的下酒菜和下饭菜合二为一，共烹饪10～12个菜，甚至将"第一点水"直接去掉。

白喜事主要体现的是亲朋好友对逝者的哀思，排场自然不能与红事相比，宴席不分几点水，上满一桌菜肴以示款待即可，多为 10～12 个菜。其中有两个菜必不可少，一个是"粉蒸肉"，需要注意的是在筵席上不得吃完，意喻子孙后代，享受不尽。另一个是"大肉"，类似拔丝状元肉，只不过用糖液熬化即可。因太过肥腻，一般人不敢享用，故剩余颇多，取义"大富大贵，永世不竭"之意。

第四节　场域理论下的土家族酒宴文化

宴会是人们为了一定的社会交往目的而举行的集饮食、社交、娱乐于一体的高级宴饮聚会。土家族酒宴由于具有聚餐式、计划性、规格化和社交性等重要特点，与传统文化交流融合，成为土家人感情沟通、信息交流的重要途径。土家人常说"无酒不成席"，酒被认为是宴会的灵魂，故而酒宴也就成为宴会的代名词。酒宴之所以成为土家人广泛应用的交际应酬手段，酒宴场合下所营造的特殊"非正式"氛围起到了非常重要的作用。酒宴主人、宴请主宾及参宴人员在酒宴礼仪、和谐话题、酒精刺激等综合作用下暂时消弭了参与各方的社会角色差异，形成了一种独有的酒宴场域。

场域是布迪厄理论中的重要概念，布迪厄将其表述为："一个场域可以被定位为在各种位置之间存在的客观关系的一个网络或一个构型。"布迪厄认为可以把场域设想为一个空间，在这个空间里，场域的效果得以发挥，并且由于这种效果的存在，对任何与这个空间有关联的对象，都不能仅凭所研究对象的内在特质予以解释。具体来看，首先现代社会世界的高度分化会产生一个个不同的空间，每一个相对独立的空间都是一个场域。场域不是空空如也的地理场所，而是社会场所，每个场域中都存在自己独特的规则。其次，现实的就是关系的，现实社会中存在的都是各种各样的关系，这种关系不是行动者之间的互动或个人之间交互主体性的纽带，而是各种独立于个人意识和意志而存在的客观关系。再次，场域是一个充满争斗的空间，其间充满了冲突与竞争，不断的冲突与竞争又进一步形成新的场域。最后，在新的形态中，场域能够自我更新或重构其特殊的逻辑规则。新领域产生后，场域会在其中不断改变自己的形态与形式。

一、土家酒宴场域的独特性

土家人本性豪放好客，在酒宴场域中，丰盛美食，盛情劝酒，使客人快速进入微醺状态。酒入微醺后所形成的热烈、亲密场面，稳定的社会场域暂时处于一种无序状态，这种状态具有一定特殊性。

第一，以社交为目的。酒宴是社交的重要手段。古代酒宴就已成为士人做官出仕的阶梯——新科举人谒见主考官员有"鹿鸣宴"，进士赴任之前有"曲江宴"，荣进升迁有"烧尾宴"等。酒是调节社会关系的"润滑剂"。土家人淳朴直爽、热情好客，每有客至即用最好的东西招待客人，酒更是必不可少。《巴东县志》载："惟后里人客至，则系豚开酒坛泡之以为敬，盖以酒连糟贮坛，饮时泡以沸汤，插筒其中，主宾递吸之也。（猪）肘至膝以上全而献之，谓之脚宝，特以奉尊客。切肉方三寸许，谓之拳肉。酒以碗酌，非此不为敬。客初至必揖主人妇，既饮，主人妇乃出进酒，否则以为慢。"例如前述《容美纪游》，仅从此书中看，每宴客必有酒，而且酒礼十分讲究。总而言之，社交与酒宴不可分割，并且随着市场经济的繁荣，酒宴的社交目的性愈加突出。

第二，以酒为媒。中国古语道"无酒不成席"，似乎没有酒的宴会便索然无味。"菜为酒设"，从酒宴菜单编排来看，先上冷碟是劝酒，跟上热菜是佐酒，辅以甜食和蔬菜是解酒，配备汤品和果茶是醒酒，安排主食是压酒，随上蜜饯是化酒，酒的主角地位不可动摇。有人戏称"酒逢知己千杯少，能喝多少喝多少，能喝多不喝少，一点不喝也不好"，有酒才能"有故事"。同时白酒行业也逐步向高端化发展，土家族地区"历史文化名酒""洞藏老窖"等品牌层出不穷，凸显出酒在宴会活动中的特殊地位。

第三，气氛融洽。在酒宴中，融洽的现场氛围为人所看重。"酒三巡，或拇战，或独酌，或歌，或饭，听客之所为。酒酣耳热，箫声于于，牵牛相与，摇艇入烟波中。"[1] 这是清朝文人游宴的真实写照。土家族大多居住在崇山峻岭之中，各家各户分别住在不同的山岭，"看到屋，走得哭"，住户之间相距很远，平日交往不便，只有土家人逢生活中的大事举办酒宴时，远近亲邻都来帮忙，携礼祝贺，才是难得的聚会机会。"酒吃人情肉

---

[1]　石爱华.试述土家人的养生保健特点［J］.中国民族民间医药，2007（6）.

吃味，饭吃多了打瞌睡"，说的就是土家人过红白喜事时远近亲朋好友都来吃人情酒。酒成了土家人交流感情的一种方式，借助酒的灵感，活跃了形象思维，他们彼此谈过去、谈未来，互通信息，诉说衷肠，增强土家人之间的相互了解和友好往来，这对促进民族团结，增强民族凝聚力，具有积极作用。现实生活中"喝酒不谈工作"是人们常挂在嘴边的一句话，因为酒宴上的融洽气氛不仅需要酒精的刺激，同时需要有合适的话题，而这种话题往往是比较轻松热闹的，所有一切与融洽气氛不符的因素都成为酒宴场合下的禁忌。

土家族以酒为载体，寓知识性、趣味性和娱乐性为一体的许多民俗活动，在酒宴场合都能营造出良好的氛围。土家族新屋落成的上梁仪式就很典型。土家族在新屋落成的上梁仪式中涉及许多知识，要恰到好处地将这些知识表述出来，实在不易。如掌墨师傅赞酒瓶时，甲唱："说此瓶，讲此瓶，说起此瓶有根源，南京城里请金匠，北京城里请匠人，两位匠人手艺精，打的金瓶爱煞人，上头打的鹦哥嘴，下头打的凤凰身，鹦哥嘴里出美酒，凤凰身上出金银……"乙唱："一个金瓶拿手上，口水流起几多长，一爱金瓶好模样，二爱瓶内美酒香，可惜愚下生得莽，不会赞酒不得尝，东头师傅请原谅，请赞美酒点华堂……"二人唱答要紧扣主题，相互照应，这是对两位掌墨师傅知识和智慧的检验，也是对两位傅口才和应变能力的考验。

第四，临时性特质。之所以将其称为临时性场域，是因为存在的时间短，从酒宴开始（严格来说是酒入微醺，交流各方相互接纳意向明显开始）至酒宴结束。在酒精的促进下，人们逐渐处于一种放松状态，情感交流顺畅，气氛融洽，有一种放下伪装、倾诉心声、平等交流的需求。在酒精的刺激下，暂时从原有场域中游离出来，使原本固有的人际关系网络解构，形成酒宴文化临时性场域，在这种情况下，人们的关系逐步融洽，陌生人形成新的关系网络。酒宴场域由于其短暂性特点，其效用的持续性比较差，因而在人际关系调整中可以不断运用这一手段，使这种状态成为一种相对常态，使其模塑成型，达到社交的目的。

二、酒宴场域中的资本交换

场域理论认为资本表现为三种基本的形式：经济资本、文化资本和社会资本。经济资本可以直接转化为货币，也可以制度化为产权形式。文化资本是布迪厄对于教育系统研究的概念，可以有三种存在状态：身体化状态（表现为心智和肉体的相对稳定的性情倾向，如言辞流利、审美趣味等，通过耳濡目染获得）、客体化状态（表现为文化商品，如图书等，通过物质媒介传递）、制度化状态（表现为社会对资格的认可，特别是教育文凭系统所提供的学术资格）。社会资本是指某个个人或群体凭借拥有一个比较稳定，又在一定程度上制度化的相互交往、彼此熟悉的关系网而累积起来的资源的总和。对于各种资本间的关系，即各种资本之间的兑换以及兑换率的确定的问题，是透视社会空间结构和其中斗争的最好维度。

（一）政治资本与经济资本的交换

在酒宴场域中充斥着各种资本之间的冲突，政治资本与经济资本之间的博弈最为明显。历史上著名的"杯酒释兵权"，演绎的就是经济资本与政治资本之间的一种交换关系。宋太祖赵匡胤忧心军权旁落，江山不稳，于是"杯酒释兵权"，用一种高明的手段化解了国家政权隐患。巧妙的政治手腕，优厚的经济抚恤，联姻的情感投资，正是在宴会场域下政治资本、经济资本的隐形交换。

（二）文化资本与社会资本交换

《容美纪游》的作者顾彩通过博学鸿词科进入国子监，因工词曲而"名噪都下"，作为土司主的田舜年倾慕其才华，力邀其游览容美土司地区，切磋曲艺，极尽地主之谊。初次宴请顾彩是在"宜沙别墅"，"其楼曰'天成'，制度朴雅，草创始及其半。楼之下为厅事，未有门窗，垂五色罽为幔，以隔内外。是日折柬招宴，奏女优，即索余题堂联"。后三月初六"设宴于百斯庵，其弟十二郎曜如、十三郎昕如俱至。觞数行，女乐前奏丝竹。君之命也。""十一日，会饮于行署小阁，曰'半间云'。是日烟雨迷离几案间，山俱不见。"酒宴之中，容美土司文化给顾彩留下了深刻的印象，对自己的作品在僻壤之地能得到如此推崇感到惊讶。顾彩特殊的社会地位，对于外界，特别是中央政权对容美文化的认识，具有特殊意义。

（三）社会资本与经济资本的交换

英国《每日邮报》曾报道，英国首相卡梅伦向希望与其共进午餐的富商们开出价码，只要他们每年向保守党捐款 5 万英镑，他们就将获邀与卡梅伦、保守党高级官员共进晚餐。富人可以通过花钱购买与首相直接交流的机会来表达他们的政治和商业诉求，这明显是用金钱来换取影响力。

三、酒宴场域形成的原因

（一）交流的需要

马斯洛需求层次理论认为，人的需求可划分为五级：生理的需求、安全的需求、社交的需求、尊重的需求、自我实现的需求。人都潜藏着这五种不同层次的需求，但在不同的时期表现出来的各种需求的迫切程度是不同的。人的最迫切的需求才是激励人行动的主要原因和动力。人的需求是从外部得来的满足逐渐向内在得到的满足转化的。社交的需要，这一层次的需要包括两个方面的内容：一是友爱的需要，即人人都需要伙伴之间、同事之间的关系融洽或保持友谊和忠诚，人人都希望得到爱情，希望爱别人，也渴望接受别人的爱；二是归属的需要，即人都有一种归属于一个群体的感情，希望成为群体中的一员，并相互关心和照顾。感情上的需要比生理上的需要更加细致，它和一个人的生理特性、经历、教育、宗教信仰都有关系。土家族人民在相对封闭的自然环境中，群体的交流受限，所以通过年节及人生礼仪等酒宴活动，促进族群文化及身份认同，显得尤为必要。主要的表现形式是，酒宴活动内容丰富，更加注重仪式性，酒宴的频率较高，活动时间较长，少则一日，多则三五日，是土家人情感交流的有效途径。

（二）祭祀因素的影响

最初的宴会起源于远古的祭祀活动，土家族地区也不例外。《左传》云："国之大事，在祀与戎。"古代国家最重要的两件事就是祭祀祷告与征战，而且还有意将"祀"置于第一位，祭祀被赋予神圣的内涵，古巴国"信巫鬼、重淫祀"的传统更是由来已久。从我国传世最早的甲骨文"飨"象形可知，当时的宴飨应该是许多人围绕着大型的食器跪坐而食的饮食聚会活动。祭祀宴飨让人们在醉眼蒙眬、神情恍惚之际，仿佛置身于与神共处的美妙氛围中。土家族地区"信鬼崇巫"现象极为普遍，献牲送礼是祭祀活动的重要环节，酒是必备之物。

由此可见，酒与祭祀在古人社会生活中的重要地位。这一点在后世猷血为盟中的鸡血酒、出征之前的壮行酒、祭祖祭神的敬天酒等有所体现。神圣的象征在具体的场合又转化成"情义""信义"等意义，即使不会饮酒也必须"以茶代酒"，以示诚意。

（三）传统文化的影响

中国古代传统文化受儒家思想影响极大，儒家强调"礼"，在儒家经典《礼记》中谈道："夫礼之初，始诸饮食。"孔子非常注重礼仪在社会运转中的作用，对于"乡饮酒礼"的描述非常精彩。即使在较为封闭的土司时期，土家族上层人士也受到儒家文化思想的较大影响。前述《容美纪游》中提到"子进酒于父，弟进酒于兄，皆长跪，俟父兄饮毕方起。父赐子，兄赐弟，亦跪饮之"，"宴客，客西向坐，主人东向坐，皆正席。肴十二簋，樽用纯金。其可笑者，于两席间横一长几，上下各设长凳一条，长二丈。晒如居首，旗鼓及诸子婿与内亲之为舍把及狎客之寄居日久者，皆来杂坐。介于宾主之间，若蒉箕形。酒饭初至，主宾拱手，众皆垂手起立，候客举箸乃坐。饭毕，一哄先散，无敢久坐者。亦有适从田间来，满胫黄泥，而与于席间，手持金杯者。其戏在主人背后，使当客面，主人莫见焉"，"余至始教令开桌分坐，戏在席间，然反以为不便云"。虽有画虎类犬之嫌，却已然成为约定俗成的酒宴规矩。"改土归流"之后，汉文化对土家族地区的影响更为深刻。

在此过程中，酒成为宴席中名副其实的主角，美味佳肴成了附庸。正是在酒的作用下，人们通过席次的排定、敬酒的顺序，来确定酒席中的长幼尊卑，这是一种现实的社会秩序在酒宴中的再现，以鲜明而郑重的形式来强化人们对这种秩序的认知。这种秩序在场域环境中是必不可少的，它反映了各种资本在场域中力量的对比。但同时这种秩序也不是一成不变的，这种变化是一种缓慢而又持续的过程。酒宴场域是个人及社会各阶层对社会资本、经济资本、文化资本的需求而产生的，故而在这种社交场合，必然要暴露为争夺各种资本之间的紧张关系。中国人之所以重视酒宴，正是人们看中了酒宴中酒的"润滑剂"作用。

在现实生活中，酒宴场域实际上是酒宴主人与宴请主宾进行利益博弈的空间，以及各方地位间客观关系的特有领地，而其中起决定作用的因素则是酒宴场域特殊的运作逻辑、规则和专门利益。

第六章　土家族饮食体系构建及文化变迁

第一节　土家族科学饮食体系构建

一般人在没有实际接触土家族的饮食之前，会有一些心理预设，最常见的有：土家族地区多崇山峻岭，土地贫瘠，林茂人稀，饮食生活可能会比较单调；掌握了初步饮食营养卫生知识的人们认为，经常进食腌制、熏制食物，会不会诱发恶性肿瘤疾病。自然地理环境确实限制了土家族地区农业的生产，无论是种植面积，还是单位产量，土家族地区的粮食生产都不占优势。但是大自然的无私馈赠和土家人民的无限智慧，使得土家族的饮食生活依然丰富多彩。体系是指必然存在的范围内的事物依照一定的次序和内部联络而组合成的整体。由此来看，饮食体系这个整体包含了资源环境、饮食结构、饮食风俗、饮食思想这几个方面。资源环境的优劣决定着原料的开发利用及人们的生长环境，比如说海拔较高的地方种植绿色蔬菜、优质水源饲养健康水产品、适宜的土壤和海拔长出野菜等，这些环境的资源都被土家人所利用，也正是因为这些丰富的资源影响着人们的一日三餐，构成了不同的饮食结构。同样，饮食思想和习俗也相互影响着，例如吃社饭、闹元宵、祭祀祖先等，它们都因思想、习俗而存在。人们会利用良好的资源环境所带来的原料去计划一日三餐，在日常饮食中又会因为思想、习俗的影响进一步规划饮食。综上所述，四者之间紧密相连，相互贯通，对形成健康的饮食体系起着至关重要的作用。

一、丰富饮食生活的构成

首先，土家人的食物来源非常广泛。大自然的慷慨馈赠，让土家人在生活中积累了大量识别野菜、捕获野兽的方法，在采集捕猎的过程中还有很好的可持续性发展的理念；生态禁忌多于食源禁忌。

其次，土家人创造和学习了大量保存和烹制食物的技法。穷则思变，面对恶劣的生存环境，土家人通过腌、熏、泡、发酵、晾晒、窖藏等方式在解决了食物贮存问题的同时，还造就了盐菜、泡菜、腊肉、豆豉、酱料、米酒等口味丰富的食物和调味品。豆类、薯类、蕨类植物，通过磨浆、淀粉提取，大大提升了食物的营养价值和应用范围。种类丰富的豆制品，补充了动物性蛋白的不足；甘薯、马铃薯、葛根、蕨根淀粉延长了新鲜食材的食用寿命，提纯后的淀粉应用更为广泛，制作的食品种类也更为丰富。

二、科学饮食体系的建构

(一) 食源多样性带来营养的丰富性

1. 主食

土家人的主食选择较多，根据海拔高低来看，那些海拔较低、地势平坦、起伏小的地区主要以种植水稻、玉米为主，半山区及部分高山区会随着海拔升高而气温降低，会以种植薯类、玉米为主，体现出主食多样化的特征。比如说马铃薯和甘薯，它们常被用来当作主食。马铃薯与玉米、大米相比，热量较低，每天坚持有一餐只吃马铃薯对减去多余的脂肪很有效。马铃薯的营养丰富，除了富含必需的氨基酸——赖氨酸和色氨酸外，还有丰富的矿物质，对养胃健脾也有一定的功效。此外，马铃薯也富含膳食纤维和抗性淀粉，可缓解便秘。同样，甘薯也被人所喜爱，它便于保存，人们将甘薯放在地窖里，一年四季都有新鲜甘薯吃。它含有的多种维生素为维持人体健康所必需，其中的食物纤维对于我们来说极其珍贵，最为明显的功效是通便和抗癌，尤其是有关肠道的癌症。煮熟后的甘薯比生甘薯多40%左右的膳食纤维，可以有效刺激肠道，帮助排便，也更符合土家人的饮食习惯。

2. 主要食材

一方水土养育一方人，好的自然环境造就好的自然资源，土家族所处地区皆为好山好水好风光，盛产优质食材。土家族的荤菜主要以牲畜和部分水产品为主，素菜主要以绿色蔬菜为主。比如说水产品中的清江鱼可以说是长阳的"名片"之一了，它的生长水域环境优良，以肉质细腻、无泥腥味而受到人们的青睐。各类清江鱼的共性是低脂肪、高蛋白、富含多种维生素和微量元素，是滋补佳品。素菜中以辣椒为例，爱吃辣的习惯顺应土家族的生存环境，在土家族有"一餐无辣饭不饱"的说法，辣椒含有的维生素 C 居蔬菜之前列，有促进食欲、抗寒、抗癌等功效。对长阳地区的调查显示，每家每户大都栽种辣椒，产量很高，对人们来说，辣椒是一日三餐中必不可少的。再比如野生蘑菇，土家族地区符合蘑菇的适宜生长环境。每逢夏天，一场大雨过后，野生蘑菇会在树林中快速生长，对于家养的蘑菇，则是一年四季都生长，以初夏的产量最多，其营养价值相当丰富，味道鲜美，它富含高蛋白、低脂肪，及人体所必需的氨基酸、维生素和多糖等营养成分。蘑菇是家家户户必备菜肴，有些人会晒干后再食用，一是同新鲜蘑菇形成味道区别，二是便于长时间存放。根据科学研究所得，蘑菇主要的营养价值是富含维生素 D，有利于骨骼的生长，且抗氧化能力强，能够促进人体内的新陈代谢，还能提高人体免疫力，对肿瘤类疾病也有一定的预防作用。

3. 特色调料

调料是人们用来调制菜品的辅助材料，广义的调料包括单一调料和复合调料，土家人不太习惯使用一些复合型的调料，比如说鸡精、蚝油等。土家人喜欢就地取材，习惯用自产的原料来进行调味，一方面节省了开支，另一方面也确保了健康，原汁原味的菜肴所保留住的营养远远大于利用各种复合调料所烹制的菜肴。比如上述的辣椒，它不仅是一道菜肴，也是土家人每餐离不开的调味品，人们常把辣椒做成辣椒酱等制品，所采用的烹调方法减少了高温加热的时间，对水溶性维生素 C 的流失起到了相对理想的保护作用。再比如野生的木姜子，形状跟花椒相似，所以也被称为山胡椒，嫩时如菜籽大小，熟后大小颜色更接近黑豆。它的最佳采摘期和食用期一般为清明前后到端午时节，每年到了这段时间，土家人会进山去寻找木姜子，采摘回来后人们再进行下一步的加工、贮存工序。嫩的木姜子一般趁新鲜食用，即凉拌或直接入菜做调味料，成熟后的木姜子则用辣椒末、姜末、盐等佐料腌制后做成各种调料、酱料或开胃小菜，有健胃、开胃的功效。

（二）日常饮食的规律性

土家族聚居地由于交通闭塞，对外交流较少，人们长期习惯于日出而作、日落而息的生活方式，并强调顺应天时，人与四时相应。民歌曰："夏防暑，冬防寒，春秋早起晚睡莫贪玩。"一定强度的劳作，有利于增强身体素质。土家族地区的山地特征，使大多数农田较为贫瘠且分散，为获得较好的农业收益，土家人的辛勤劳作必不可少。

（三）摸索出一套有效防控重大疾病的健康饮食体系

这种体系的建立，是人们在千百年来逐步摸索、淘汰、积累而来的。如腌制食品就大大延长了带叶蔬菜的可食用时间，特别是寒冬腊月，植物性原材料匮乏的季节，腌制食品是一种方便食用的食材。但是在腌制食品中，所含有的蛋白质及硝酸盐在发酵菌、硝酸还原酶的作用下产生亚硝酸盐及 N-亚硝基化合物等，长时间食用，会大大增加致癌的风险。学者在做人类食管癌及胃癌与腌制食品的相关性研究时认为，硝酸盐、亚硝酸盐、腌肉、腌菜、腌鱼及熏烤食物的摄入与胃癌及食管癌均有密切的相关性。而食用腌肉、腌鱼等能显著增加鼻咽癌的危险性，并存在明显的剂量效应关系，其摄入频率越高，危险性越大。腌菜、发酵豆制品、咸鱼及腌肉与前列腺癌也有明显的剂量效应关系。长期食用这类食品可增加患甲状腺肿大、乳腺癌、前列腺癌、鼻咽癌等疾病的风险。再如熏制食品。熏是土家族保存肉类食品最常见的方法，腊肉、腊肠、腊兔子、熏笋等都是土家人喜欢的美食。烟熏的粉尘中含有苯并（a）芘，苯并（a）芘是最早发现的致癌物质，长期食用熏制食品会显著增加患胃肠道和呼吸道癌症的概率。

但从目前掌握的统计数据来看，土家族地区的人均寿命与全国人均寿命相比，没有显著差异；同时，罹患癌症的比例也没有显著高于全国平均水平。从土家人的日常饮食来看，有这样一些原因。

首先，土家人的食源广，防癌原料众多。从主食上看，土家人经常食用的甘薯，在根茎类食物中防癌的功效排名第一。玉米也有较强的防癌功效。还有蘑菇，是土家人所喜爱的食物，大脚菌、牛肝菌、竹笋菌、松树菌等，鲜美无比，土家人从小就练就了挑选野山菌的火眼金睛。在这些菌类中含有大量的氨基酸，具有非常好的防止恶性肿瘤生长的功效。此外，辣椒既是土家人喜欢的菜肴，又是必不可少的调味佳品，其所含的辣椒素，也具有增强人体免疫力的功效。还有莼菜、葛粉，饮品中的绞股蓝，都有一定的防癌功效。

其次，烹制方式得当，能有效预防癌症的发生。贵客到来，土家人取下灶头上熏得黝黑发亮的腊肉，放在火塘中燎烧，将表皮烧焦炭化，然后再放入热水中浸泡。用刀将表皮刮洗干净，露出焦黄色的肉皮。一方面，通过高温火烧，肉皮更加蓬松，有效地去除了毛腥味；另一方面，通过浸泡、刮洗，长时间积累在表面的有害物质绝大部分被去除。

最后，讲究食物搭配，阻碍了致癌物质的产生。比如富含 β-胡萝卜素的胡萝卜及白菜、萝卜等十字花科蔬菜有降解 3，4-苯并芘的作用，土家人经常将其与腊肉合烹。多食用猕猴桃、柑橘、辣椒等富含维生素 C 的水果蔬菜可有效抑制亚硝化作用。银杏果中所含酮类物质能清除亚硝胺类物质，抑制亚硝胺诱导肿瘤的生成。土家族地区盛产茶叶，饮茶习俗也是预防癌症产生的良好饮食习惯，茶叶富含的茶多酚具有阻断 N-亚硝基化合物致突变和致癌的作用。在菜肴烹制的过程中，大蒜是必不可少的调料，适当地摄取，具有较好的饮食保健功效。

（四）良好的自然环境、豁达豪爽的性格，奠定了健康长寿的基础

1. 良好的自然环境

土家族地区森林覆盖率高，自然生态环境优良，空气质量好，为土家族健康生活提供了保障。特别是森林地区负氧离子含量高，具有很好的消毒杀菌、预防恶性肿瘤细胞形成和生长的功能。恩施及周边地区是世界上最大的硒矿床，土壤中富含硒元素。硒是人体必需的微量矿物质元素，为人体提供营养，并具有解毒和抗氧化的功能，是维持生命正常生长代谢的重要元素。硒在人体内无法长期贮存，也无法合成，人体必须从膳食中不断获得硒元素来满足机体需要。硒在人体内具有抗氧化、提高人体免疫力、解毒、维持甲状腺发挥正常功能、防癌抗癌、防治克山病和大骨节病等作用。富硒植物食品种类多样，包括富硒大蒜、富硒茶等。富硒大蒜中有机硒含量能够达到 30～100 微克/克，被广泛用于医药食品行业。我国安徽石台、贵州开阳、陕西紫阳和湖北恩施等地分布有富硒土壤或岩层，盛产富硒茶，富硒茶中有机硒占 80% 以上，且浸出率高达 25%—40%，

水溶性好，容易被人体消化吸收，在抗氧化、抗突变、抗重金属、抗癌、延缓衰老、美容祛斑等方面有较好的功效。

2. 丰富的农闲、节庆生活让土家族保持良好的心态和胃口

在恶劣的生存环境中，土家人必须要充分发挥生活的智慧，除了积累丰富的寻找食源的经验和烹饪方法之外，通过亲友的聚会，年节的食俗，充满谐趣的游戏、谚语、歌唱、舞蹈、故事等，丰富农作休闲时光，保持平和积极的心态，也是非常重要的。土家族几乎月月有节日。例如，"腊月二十四，家家小团圆"，"腊月二十八，忙到打粑粑"，"过赶年"，"初一不出门，初二拜家神，初三初四拜丈人"；此外，二月二给土地神过生日，三月三要出外踏青扫墓，四月八要"嫁毛虫"，端午要过小端午、大端午、末端午，六月六要"晒龙袍"，七月十五"过月半"，八月十五"过中秋"，九月九"重阳节"，等等。再加上农业节日、红白喜事，亲人的团聚，美酒佳肴，是对平淡农耕生活的有益补充，也是对美好生活的憧憬。

（五）医食同源，注重养生保健

《黄帝内经》提出了"上工治未病"的预防思想。《素问·四气调神大论》指出："圣人不治已病治未病，不治已乱治未乱，此之谓也。"这正是对养生的精辟总结，土家人秉承了传统医学的精髓，在长期的劳作和生活中总结认为，疾病的发生可能包括饮食、毒气、劳伤、情志等几方面，所以非常重视通过药膳、饮食来保证身体康健。武陵地区气候温和湿润，日照充分，十分适合中草药的生长，此地盛产多种名贵中草药，有着"西南药库"之称。土家人长期在外劳作，对各种草药的药性颇为熟悉，因此也会将一些具有补益功效的药物采回，与一般食材一起制成具有滋补功效的药膳。这些亦药亦食的菜品营养丰富、滋阴助阳、补益三元，长期服食具有良好的养生保健作用。如恩施板桥的党参出口东南亚各国；利川福宝山的莼菜，鹤峰的薇菜、蕨菜畅销日本、韩国等地；建始的魔芋精粉被制成许多保健品，如魔芋饮料、魔芋果冻，远销美国；宣恩的刺梨、利川的山药等食材，既是食品，民间医生也常常以此为药，或入方配伍使用。

民间有许多预防疾病的习俗，如农历三月初三，采摘地米菜与鸡蛋同煮食用，防治头晕。地米菜为十字花科植物荠菜的全草，性味甘凉，能清热平肝、活血、止泻、利尿，动物实验表明该品有较强的降血压作用。五月端午悬艾于门，饮雄黄酒，辟疫。湖北民族学院医学院赵敬华教授在基层工作时结识了许多民间医生，学得许多药食保健之法，晚年撰文披录 40 余方，笔者通过学习后，加以运用，效果颇佳。例如，土家人常以狗肉、黑豆、生姜同煲服食，强身防病。狗肉性温味咸，功可温肾壮阳，补气强身，黑豆性平味甘，调补中气、利水解毒，生姜健胃驱寒。本方能温补脾肾、散寒解毒，故对身体阳虚或病后失调所致的感冒有很好的防治作用。又如人们以板桥党参泡酒常年服用，称为"养生酒"，因山地多湿，山民多患风湿之症，板桥党参健脾益气，苞谷酒通络除湿，饮之强正抗邪，土家族地区当地长寿之人都有饮药酒的习惯。

第二节　土家族饮食文化的变迁

文化变迁是指文化的增加或减少所引起的结构性变化。大凡文化变迁都是从文化内容的变化开始的，再逐渐引起整个文化结构发生变化。土家族饮食文化的发展要与整个社会的发展保持同步，文化变迁是发展过程中重要而且不可避免的环节。随着社会的发展，特别是旅游业的大力发展，加速了土家族饮食文化变迁的步伐。

一、土家族饮食文化变迁的主要表现

（一）饮食资源的过度开发

对饮食物质资源的过度开发，特别是野生饮食原料的掠夺性开发，破坏了当地的环境资源，甚至导致稀有物种的绝迹。土家族地区虽然地形多样，物产丰富，但过度的饮食资源开发会影响土家族饮食文化的长远发展，同时也会破坏当地的其他自然旅游资源。

（二）外来旅游者的影响

由于旅游的开发，外来旅游者涌入而带来的各种文化，特别是汉族的、西方的强势文化，导致了本地饮食习惯及习俗的改变，这些改变一方

面丰富了土家族人民的饮食生活，另一方面又使土家族地区饮食文化旅游资源丧失其奇特性、珍稀性等特点，从而导致旅游吸引力的减弱和旅游者的减少，这是由于文化本身的传播、冲突、整合特性所决定的。如工业化食品的涌入，方便面、蔬菜饼干更加吸引小朋友的眼球，各式快餐更加符合年轻一代的胃口。各种熏腊制品都有专业化的加工厂生产供应，不再需要土家族家家户户都建熏房，以及在食用之前经过灼烧、浸泡、剁块等复杂加工过程。大小集镇的建立，各种新鲜肉食、蔬菜的大量供应，熏腊制品逐渐失去了肉食制品的主导地位。各种新式调料的应用，如鸡精、火锅底料等，削弱了大多数人们对原汁原味、传统味型的追求。这些外部文化的冲击极大的影响了土家族人民的饮食生活。

（三）影响土家族饮食生活的主导思想的改变

艰苦朴素的传统饮食思想、佛道宗教及儒家思想对土家族饮食生活有非常大的影响。崇宗敬祖、长幼有序的思想根深蒂固，导致进食氛围太过沉闷，在一定程度上压抑了土家族饮食文化的发展，这与现今提倡的自由、个性多少有些不和谐。学校教育及大众媒体的宣传，在土家族人民心中初步形成了饮食营养安全的概念。以前宴会饮食贪多求丰的现象有所改变，大鱼大肉已经不再受大家的青睐……这些都是土家族人民饮食思想进步的体现。然而，现实与传统、保护与开发的矛盾总是时刻交织着，如何才能解决这些矛盾呢？

这些由文化变迁引起的对社会环境、传统文化的影响，受到了人类学家的关注。

二、土家族饮食文化变迁的原因

促使土家族饮食文化变迁的原因，一方面是由土家族社会内部的变化所引起的，是土家族饮食文化的根本原因；另一方面是受到外部社会文化环境的变化影响，这是土家族饮食文化变迁的诱因。

（一）内部变迁的角度

随着新生产工具、新技术的不断应用，社会生产力不断提高，当代土家族社会正面临着转型，由封闭的传统农业社会快速地向开放的工业社会转型，而农耕（渔猎）文明这个土家族饮食文化遗产赖以生存和发展的重要基础正在逐渐弱化，甚至在部分土家族地区已经消失。例如土家族婚宴上的"陪十姊妹""陪十兄弟"等习俗，由于对本土文化不甚了解，年轻人参与度不高，在很多地方已经不再上演。土家族人们的生活方式发生了剧烈的变化，使之全部或部分地失去了植根与繁荣的土壤，给土家族饮食文化的传承和开发利用也造成了巨大的影响。

（二）外部变迁的角度

一方面我们在以前所未有的速度告别古老的农耕传统，另外一方面我们正迅速追赶西方的科技与工业文明的步伐，并不断超越。传统与现代之间似乎形成了对立的思维定式。这种定式导致了包括土家族在内的许多民族的部分饮食文化的消亡和流变。文化传播在土家族饮食文化的当代变迁中起着非常重要的作用。同时，由于文化认同所引起的土家族饮食文化的变迁也要引起我们的注意。土家文化与外来文化的交流日益频繁，产生了越来越多的认同感，这是土家族聚居区文化变迁的基础。异质文化之间具有较强的排他性。两种异质文化要相互交流吸收，首要条件就是要彼此接触，从而产生认同感。此外，随着社会的发展，土家族地区城市化进程加快，人口的大量流动，一些新的审美情趣、社会行为、社会观念、风俗习惯、思维方式、世界观、价值观及人生观等方面也随之出现嬗变，这就使许多土家族传统的饮食文化事项失去了存在和延续的文化环境。生活条件改善，饮食营养思想的传输，以前被人们追捧的"大肉""盖碗肉"因太过肥腻，如今少有人问津；以海鲜为代表的优质食材，正在代替传统产品；以红白喜事为服务对象的公司化专业团队活跃在城乡区域，乡邻亲友互借桌子碗筷合办宴席的热闹场面已不多见。一方面影响了宴席菜式的呈现，另一方面对和睦友邻关系的促进是不小的损失。

土家族地区各种层次的学校的广泛设立，加速了各种文化之间的交流。学校对土家族饮食文化的传播具有选择性和系统性特点，使新的饮食文化和饮食理念能够被年轻人快速接受。

三、土家族饮食文化变迁的影响

改革开放后土家族饮食变迁对土家族地区社会经济文化的发展与繁荣产生了深刻影响。

（一）饮食结构更加科学营养

土家族先民在生产力水平低下的情况下，主要依靠刀耕火种，采集渔猎，兼植杂粮，依赖大自然的赐予和粗放农业来获取食物，食物结构单一，食物种类较少。"改土归流"以后，随着玉米、甘薯、马铃薯等粮食作物的传入，极大地改变了土家族先民的传统饮食结构，土家族饮食文化和饮食风俗都有了很大变化，并因此产生了深远的影响。20世纪早期，土家族地区不断引入新的粮食作物，改进种植技术，农业生产力有所提升。中华人民共和国成立后，土家族基本延续了传统的饮食生活。改革开放以后，特别是20世纪90年代以来，土家族地区饮食结构发生了巨大变化，饮食水平有了大幅提高。土家族人民不仅开始追求吃饱，满足日常生活需求，而且还追求吃好，开始讲究食物的品质，要求食物色、香、味一应俱全，追求健康食品、绿色食品、无公害食品等成为土家族民众追求的新"食尚"。可见，土家族饮食经历了一个长期的历史演变过程。

（二）繁荣了地区经济文化

文化对社会经济的反映从来都不是被动的，变迁后的土家族饮食文化对土家族聚居区经济文化发展的"能动"作用主要是通过地区旅游经济的发展及经济结构变化所引起的。土家族非物质文化遗产成为土家族地区旅游开发的重要资源。受"退耕还林"、繁荣民族文化、产业结构调整政策等因素的影响，部分土家族民众从繁重的农作中解放出来，成为职业或半职业的餐饮从业者，既有利于土家族文化的繁荣，同时也获取了较为可观的经济收益。土家族在与自然界的和谐相处中创造了丰富的饮食产品——土腊肉、干洋芋、合渣、合菜、血豆腐、鲊广椒炒腊肉、魔芋豆腐等，这些土家族日常饮食产品已成为土家族地区旅游吸引顾客的重要资源。部分烹饪技艺高超、有经营头脑的土家族民众开设了土家特色餐饮企业，取得了可观的收益，同时也带动了本民族地区的就业和农业、加工业的发展。

在社会经济的迅猛发展下，少数民族的饮食体系随着高科技的进步及宣传力度的增强，也在繁荣的社会中得到完善。从目前国家对"健康中国"给予的高度重视和厚望以及对传统文化的保护来看，土家族健康饮食体系会得到逐步优化，为中国人的健康饮食提供更加有益的借鉴。

第三节　旅游资源视角下的土家族饮食文化开发的思考

一、主要思路

（一）把土家族饮食民俗活动与经贸活动结合起来

现代旅游是一个吃、住、行、游乃至购、经、贸、商相配套的系统，其中民俗文化旅游是一项文化性很强的经济活动。在商品经济日益发达的社会里，许多旅游者常常把观赏民俗活动与从事经贸活动结合起来，实现"一箭双雕"的目的。许多民族节日都是与经贸活动相关的，如西南少数民族的骡马会、棒棒会、白沙农具节等，有些节日有固定的日期和场所，有些则是根据需要临时组织的。为了招商引资，各民族都举办过形式多样的酒节、茶节、美食节等商业节日，如石柱土家族自治县举办的"毕兹卡"节，内容包括毕兹卡歌舞晚会、全国黄连交易会、大型"舍巴日"（摆手舞）表演、土家特色餐饮展示等环节，商业贸易在质朴、热烈的民俗活动中进行，显得别有意味，既展示了民族文化，促进了各民族的交流，又创造了可观的经济利润，是一个两全其美的好举措。

（二）把土家族饮食民俗旅游的"软项目"建设与"硬项目"建设相结合

所谓"软项目"建设是指文化队伍建设、民俗节目建设和民俗活动的组织安排。所谓"硬项目"建设是指民俗旅游设施的建设。在民俗旅游刚起步的地方，可以优先发展"软项目"，这样既可以较快地形成新的吸引物，又可以较快地积累"硬项目"所需的资金。"硬项目"的建设要根据城乡总体规划量力而行，要根据民俗旅游的要求为旅客提供精神生活和物质生活所必要的设施，切忌只注意建旅馆而忽视建设民俗博物馆或其他民族文化场所，以免失去平衡，妨碍民俗旅游事业的发展。就土家族饮食文化开发而言，"软项目"的建设包括代表性饮食习俗的表演项目的开发，如土家族茶道——"四道茶"的现场表演，土家族饮食文化的挖掘、研究，土家族饮食文化宣传资料的制作、发布，对饮食服务人员的培训等。"硬项目"的建设包括土家酒楼、菜馆的建设，饮食民俗博物馆的修建，表演场馆的建设等。总而言之，土家族饮食文化的开发要突出其文化内涵，注重饮食产品的质量和服务水平，只有如此，对民族地区的开发才符合可持续发展的时代潮流。

（三）挖掘传统工艺，做精传统饮食

工艺也是技术的一部分，有着相当的独占性和不轻易外传的技术秘密，因此，要保持民族饮食的特殊风味，要注意到现实生活中去挖掘，寻找身怀绝技的能工巧匠，用现代技术手段进行现场录制，以利于传播和开展专业培训。这项工作对民族饮食文化的传承带有抢救性质，是很重要的。同时，在传统秘方和工艺的基础上，进行必要的改革和创新，把传统的饮食做精做细，使之更加符合现代人的口味。

在某一次湖北省烹饪大赛中，恩施代表队使用的是土家族地区特有的食物原料，烹调技法独特而略显粗犷，成菜朴素大方，盛器简洁质朴；而与此相比，其他代表队采用时下流行的菜式、口味，做工精细，造型美观，盛器考究。恩施代表队以泡沫加工成清江山水形状，并覆以蓝布为背景，以白蜡烛为光源；荆州代表队以精工制作的荆州城墙为背景，覆以黄色绸缎，四周安装专业灯光，还配上优雅的楚乐；宜昌代表队以立体的葛洲坝大坝为背景，以当地水产为原料，做工盛器都非常大气，且灯光音乐俱全，其他地区代表队也各有特色。相比之下，恩施代表队仅得到了安慰奖——团体银牌（其他代表队都是团体金牌）。恩施土家族苗族自治州有如此好的原料，如此多的能工巧匠，如此浓郁的民族特色，为什么成绩却不甚理想呢？经仔细思考后发现，恩施土家族代表队输就输在思想意识方面。再好的食物原料，不对其进行合理烹饪，不对其进行妥善刀工处理及必要的装盘修饰，即使品尝起来口味不错，但观感欠佳，同样不会为市场所认可。饮食产品如今已经变成了一种内涵丰富的商品，包括口味之美、造型之美、环境之美（音乐、灯光等）等。土家族饮食文化要面向市场，就要摸清市场对餐饮产品的需求，多借鉴其他菜系及其他民族地区优秀的烹饪技法、装盘技巧、席面装饰、宴会场景的布置等。

（四）引进先进技术，改进制作工艺，提高产品质量和科技含量，走工业化生产之路

土家族地区传统饮食目前还基本上局限于本地区，仅有少数人在外地

开土家风味的餐馆，这对土家族饮食的宣传作用是极其有限的。我们应该考虑把一些特色浓郁的土家族风味饮食做成易携带、易制作、易保存的大众化商品，使传统饮食走进千家万户。要做到这一点，必须改进传统的制作工艺，引进现代化的生产设备，对食品进行深度开发，增加产品种类，提高科技含量，走工业化、规模化发展之路。如今我们看到，土家族地区的特色食品如合渣、柏杨豆干、黔江牛肉等都已开始迈出家门，在许多城市的超市也能看到它们的身影，并深受消费者的喜爱，这是了不起的进步。由此想到的是，还有更多的风味食品也要加快工业化生产的步伐，形成有特色和优势的土家族地区食品体系。

（五）培养技术人才，夯实发展基础

传统饮食也好，现代饮食也罢，要求新、求发展，就离不开人才的作用，尤其是高水平的技术人才。我们要抓紧培养一支这样的人才队伍，发挥他们的聪明才智，夯实土家族民族饮食的发展基础。对此，既需要如湘西民族职业技术学院、恩施职业技术学院等高等职业院校培养高端酒店、烹饪专业管理人才，同样还要借助中等职业院校、技校，以及传统的师徒传承方式，培养一批综合素质高、术业有专攻的行业精英，努力挖掘传统土家饮食文化精髓，不断吸收先进的管理经验，运用新的烹饪技法和烹饪原材料，夯实土家族饮食文化发展的基础。

（六）利用现代传媒，扩大对外宣传

随着市场经济的不断发展，商品生产在很大程度上与市场宣传息息相关，我们可以把它理解为是企业发展的外力推动。"好酒不怕巷子深"的观念已落伍，取而代之的是"好酒也要靠吆喝"，因此，我们要利用一切有效的传媒，例如优秀的影视作品、微信、微博、官方网站、活动赞助等形式加大对产品的宣传力度，提高产品的市场知名度和占有率，进而推动企业规模和效益的同步发展。

（七）突出民族特色，弘扬民族精神

民族饮食是一个民族区别于另一个民族的标志之一，长期的熏染对一个民族的精神文化有着不可忽视的影响，许多人对本民族的饮食喜爱有加，由此也滋生出对本民族的热爱，因此，我们要抓住民族特色不放，在传统与现代之间找到一个结合点，使对土家族饮食文化的开发利用与对民

族精神的弘扬结合在一起，形成民族团结的向心力，这也是开发利用土家族饮食文化的一个较高层次的目标。从另一个方面讲，这对于促进土家族地区经济发展和技术进步意义深远。

（八）充分利用政策优势，为土家族饮食文化发展注入活力

考虑到我国绝大多数少数民族地区都属于经济欠发达地区，为弥补历史上造成的差距，我国政府在制定政策时总是倾向于少数民族地区，所以我国少数民族享有许多优惠政策。土家族在饮食开发过程中要充分利用政策优势，竭力发挥后发优势。

首先，除宜昌市的长阳、五峰之外，绝大部分土家族地区都属于"西部大开发"战略所覆盖的地区。"西部大开发"战略是现阶段及今后很长一段时间经济发展的重头戏。国家在制定"西部大开发"战略之时，就制定了许多大力推动西部政治、经济、文化等发展的一系列优惠政策。少数民族文化资源得到重视，对其资金投入也比较大，少数民族地区的内外部投资环境得到很大的改善，经济也以前所未有的速度增长。部分政策直接推动了土家族饮食文化的发展，另外一些政策也为土家族饮食文化的发展创造了良好的外部环境。

其次，饮食文化作为一种重要的民俗旅游资源，要紧密配合地区旅游规划实施。这里有个比较典型的例子——湖北旅游发展总体规划是如何为鄂西土家族饮食文化开发注入活力的。

为了改变湖北省作为旅游资源大省却非旅游大省的现状，湖北省省政府委托中山大学旅游发展与规划研究中心编制《湖北省旅游发展总体规划》，并通过了国家旅游局组织的相关部委和权威专家评审委员会专家组的评审。在湖北省旅游发展战略与区域战略实施中，特别重视恩施地区民俗旅游事业的发展，将恩施民俗生态旅游区作为中期（2006—2010年）重点发展项目，计划将其建设成为湖北旅游发展最快的增长区域，争取旅游扶贫取得实效。2016年《湖北省旅游业发展"十三五"规划纲要》中再次强调要建立"清江生态民俗旅游区。以长阳清江画廊、恩施大峡谷5A级景区为核心吸引，整合周边乡村资源，融合土家民俗资源，打造集生态观光、民风体验、休闲养生、文化体验为一体的原乡生态文化旅游区"。正如前面所述，绿色食品基地的建设产出，对土家族人民来说是一项直接的收入，同时为制作土家族饮食产品提供了优质的原料，而土家族饮食文化

又是土家族文化中引人注目、极富表现力的一个部分。对土家族饮食文化进行开发可以起到事半功倍的效果。

土司制度是我国古代对少数民族地区进行统治的一种政治制度，目前对土司制度的起源、发展、消亡，以及其积极、消极作用等方面都已研究得较为透彻。前面所提到的《容美纪游》就是容美地区在土司制度下社会生活的生动体现。通过对其研究发现容美土司地区的饮食生活也可分为两种截然不同的情况：土司贵族饮食生活及平民饮食生活。此项研究既可丰富对土司制度及土司地区生产、生活的研究，又可为如今土家族饮食开发提供思路——开发土司宴，开发土家族农家乐等。恩施土家族地区可以借助省政府对旅游的规划设计，充分整合内部资源，发挥土家族饮食文化的渗透力、表现力强的优势，实现经济收入的快速增长。

二、生态旅游——土家族饮食文化开发的有效途径

为合理有效地协调文化与环境的关系，人类学家提出了"生态人类学"的概念。生态人类学的创始人是美国人类学家斯图尔德。生态人类学认为文化与环境之间存在着一种动态的富有创造力的关系，一方面，环境影响着人类的生产，一个社会的劳动类型在很大程度上依赖于可供利用的资源性质，而劳动类型也会对其他社会制度，包括居住法则、血统、村社规模和位置等方面产生重大的影响；另一方面，文化对环境影响也十分巨大，通过文化可以认识资源（环境的关键部分是资源），通过人类历史文化衍生的技术可以获取资源，因此文化的开发不能超出环境的承载能力，一旦超出这个界限，破坏的环境对文化的影响将是灾难性的。土家族的山川地理环境、民族文化是饮食文化的植根土壤，破坏性的开发饮食文化资源，对地理人文生态都将造成极大威胁，并为土家族饮食文化的可持续发展蒙上一层阴影。

（一）生态旅游的概念引入

生态人类学的研究成果直接导致了生态旅游概念的提出。生态旅游是针对旅游业对环境的影响而产生和倡导的一种全新的旅游业。生态旅游的定义一般描述为：生态旅游作为常规旅游的一种特殊形式，游客在观赏和游览古今文化遗产的同时，置身于相对古朴、原始的自然区域，尽情享受和考察旖旎风光和野生动植物。这一时期生态旅游的概念是指一种旅游业

中的复归自然、返璞归真的观念，强调对自然景观的开发。越来越多的旅游者更愿意到大自然中去游览，而不是去现代的城市和海滨度假。国际生态旅游协会把生态旅游定义为：具有保护自然环境和维护当地人民生活双重责任的旅游活动。生态旅游的内涵更强调的是对自然景观的保护，是可持续发展的旅游。生态旅游不应以牺牲环境为代价，而应与自然和谐相处，并且必须使后代人享受自然景观与人文景观的机会与当代人平等，即不能以当代人享受旅游资源为代价，剥夺后代人本应合理地享有同等旅游资源的机会，甚至当代人须在不破坏前人创造的人文景观和自然景观的前提下，为后代人建设和提供新的人文景观，并且，在生态旅游的全过程中，必须使旅游者受到生动具体的生态教育。

真正的生态旅游是一种学习自然、保护自然的高层次的旅游活动和教育活动，单纯的盈利活动是与生态旅游背道而驰的。同时，生态旅游也是一项科技含量很高的绿色产业，需要生态学家、经济学家和社会学家的多方论证，需要认真研究生态环境和旅游资源的承受能力，方能投产。否则，将对脆弱的生态系统造成不可逆转的干扰和破坏。同时，生态旅游应该把环境教育、科学普及和精神文明建设作为核心内容，真正使生态旅游成为人们学习大自然、热爱大自然、保护大自然的学校。因此，生态旅游具有四个重要功能，即旅游功能、保护功能、扶贫功能和环境保护功能。

（二）以张家界特色饮食文化开发为例

张家界市地处湘西北边陲，澧水之源，武陵山脉横亘其中，总面积为9653平方公里，其气候属中亚热带山原型季风湿润气候，年平均气温约16.8摄氏度，四季宜人。张家界地处云贵高原隆起区与洞庭湖沉降区之间，既受隆起的影响，又受沉降的牵制，加上地表水切割和岩溶地貌发育，形成了当今这种高低悬殊、奇峰林立、溪谷纵横的地貌形态。截至2017年，张家界约170万人口，其中土家族人口约112万、白族约11.9万、苗族约3.1万，此外还有少数的满族、侗族、瑶族等少数民族。张家界的少数民族，从吃、穿、住、行到婚、嫁、丧、葬，从生儿育女到娱乐活动，都具有鲜明的民族特色和地方特色。

张家界地区动植物种类繁多。主要珍稀动物有豹、云豹、黄腹角雉、猕猴、穿山甲、玻璃蛇等，稀有植物则生长着中国独有的珙桐、杜仲等，以及张家界独有的龙虾花和鹅耳枥。

张家界是享有盛誉的风景名胜地。中南民族大学田孟清教授在他的著作《土家族地区经济发展探索与思考》中为张家界的旅游发展提出了新的思路。田教授指出为了加快和促进张家界以旅游业为支柱的经济发展，发展特色旅游业——生态观光农业，既有必要，也有可行性。

所谓生态观光农业，也叫生态旅游农业，指为满足旅游者观赏农业资源或参与农事活动的需要而开发利用农业资源，建设专门供游客观光的各种农园的生产活动。它利用或建设优美的自然条件和田园风光，开发供旅游者活动的场所，提供生活憩息设施，以获得收入。它还以农业为基础和依托，与旅游业交叉结合而形成一种新兴农业，是农业发展的新途径、旅游业发展的新领域。观光农业是一种典型的生态旅游。发展观光农业与开发本地区饮食文化有密切关系，因为地区特色饮食文化是重要的旅游吸引点，同时农业发展为饮食产品的开发提供了优质的原料，特别是绿色健康的原料。因此，笔者认为发展观光农业是饮食文化开发的重要途径。

田孟清认为张家界开发观光旅游有许多有利条件，主要表现在以下几个方面：首先，丰富的观光农业资源为其观光农业的发展奠定了坚实的物质基础。张家界观光农业资源种类繁多，主要有优美的田园风光；可供参观、品尝，使参与欲望得到满足的丰富动植物资源；河流、水库及湖面能提供良好的水上游乐场所；灿烂的农耕文化；农业和农村的各类样板典型等。其次，巨大的旅游客源市场为观光农业的发展提供了难得的机会。张家界有非常成熟、巨大的风景旅游客源市场，有其他地方的观光农业所不具备的优势。最后，张家界已有一定的观光农业基础。张家界有的地方已经在开发建设的特种养殖和旅游农产品生产基地及森林考察、农作园参观等，都属于生态观光农业的范畴。

为满足游客品尝土家族民族特色食品、绿色健康食品，体味土家族民族风情的需求，笔者认为可以在生态观光农业的基础上大力开发以下土家族饮食旅游项目。

其一，美丽乡村游。美丽乡村游是时下比较流行的旅游项目，其中农家乐是旅游者与农民同住一个屋檐下，亲自参与农耕活动，单独或是与主人共同制作当地特色食品的一种新型旅游项目。张家界地区若想开发美丽乡村游，可以在土家族民族文化展示和绿色农业产品两个方面下功夫。张家界已经成为全国知名的风景旅游区和土家族文化旅游区，在这样一个比较成熟的旅游区开发乡村旅游，客源应该不成问题。生态观光农业的开发，又激发了旅游者亲近大自然和参与劳动生活的欲望，适时地推出农家乐，使旅游者文化体验感受更为深刻。生态农业提供的绿色健康食物原料，满足了人们讲究营养、追求健康的愿望。2019 年"五一黄金周"期间，张家界接待游客总人数 111.78 万人次，总收入 11.33 亿元，其中乡村民宿大受欢迎，以感受乡土气息、拥抱亲近大自然为目的的乡村休闲游受到游客的追捧，仅洪家关美丽乡村就接待游客约 3.25 万人。

其二，参与土家族特色食品制作。土家族许多特色食品不仅口味独特，而且制作过程也比较特殊。品尝了土家族的特色食品之后，土家族特色食品的制作过程也使许多旅游者十分感兴趣。比如土家特色食材——腊肉，如果能够建立一个旅游者专门参与制作腊肉的加工工厂，让旅游者在专业人员指导下亲自参与腌制、晾晒、熏制过程，并在此过程中在熏腿上做上特殊记号，等数月之后亲自来取或者是由厂家包装后寄送。亲身参与这种特色食品的制作，既满足了旅游者"求新""求异""求知"的需求，同时可增加旅游收入，而且为特色农业、特色养殖产品寻求了一个较为稳定的销路。

其三，食品加工工业的发展。工业化、专业化是食品未来发展的趋势之一。土家族腊肉的工厂化生产已经初具规模，咂酒同样也可以借鉴孝感米酒的加工工艺批量生产。其他观光农业的产品也可以根据国家对绿色食品的规定，深加工，精加工，使土家族的特色食品、绿色产品走向全国、走向世界！因此，张家界通过生态观光农业的发展，可以调整优化产业结构，丰富本地旅游资源，促进饮食文化资源的进一步开发利用，增强本地区整体旅游竞争力。张家界地区建立在生态观光农业基础上的饮食文化开发必将逐步兴旺，为本地区经济的发展注入新的活力。

在生态旅游中贯彻的一个重要思想就是可持续性发展。可持续发展要求经济发展既要考虑到当前的利益，更要注重未来的发展，不可因为眼前的利益而损害长远的利益。如何在旅游开发过程中有效保护本地民俗旅游资源，是各个民俗旅游地区都必须面临的问题。笔者认为对土家族饮食文化的保护可以从以下几个方面入手：首先对饮食原料进行分析研究，对其中有重要开发价值的原料进行人工培育，以供应广大旅游市场；其次要大力挖掘整理土家族饮食习俗，并将其制作成文字、影像资料，以便于日后查阅研究；最后，要通过各种方式在群众中广泛宣传，教育群众保护饮食文化资源的重要性及自觉性。

三、土家族饮食文化在开发中值得注意的问题

（一）要充分重视饮食文化的开发

随着经济文化的发展，饮食文化日益受到人们的关注。第一，"吃"成为治国、安邦、睦邻的头等大事，即所谓"民以食为天"；第二，"吃"的功能延伸到社会的各个方面，敬神、祀祖、会亲、访友都离不开"吃"，食生活成为人们物质生活和精神生活的重要组成部分，甚至在今天，许多城市的"饭店、餐饮消费成为城市生活的主旋律"，实则不难理解；第三，以土地为依托的饮食文化、土地的开发程度决定食生活的满足程度。从我国延续几千年粗放的传统农业到近些年的高科技农业生产，后者使人们的餐桌、观念发生了革命性的变化，中国在由传统封闭的农业经济向现代开放的工业经济的转型过程中，已开始摆脱源于传统土地耕作的食生活，人们的食生活向着更广阔的市场，更现代化的作物生产车间、食品加工集团，更多元化的饮食理念迈进。如果说原始农业是中华饮食文化的孵化器，传统农业是推进器，则现代化工业将成为中华饮食文化发展的加速器。在现代经济的加速下，带有优秀的母文化印迹的中华饮食文化将有更广阔的发展前景。

（二）土家族饮食文化资源开发与其他旅游资源的协调发展

饮食文化资源是一种非常重要的民俗旅游资源，是其他旅游资源在开发过程中不可忽视的重要环节。但饮食文化的发展必须依赖于一定的经济基础，而且还要受制于基础设施、旅游客源市场等。比如神农溪景区在三峡大坝蓄水之前，进入景区的唯一通道是一条由黄泥和沙子铺成的县级公路，接待酒店档次低下，服务质量低劣，与其他景区红红火火的场面相比，神农溪景区却举步维艰。巴东县政府借助三峡大坝蓄水倒灌神农溪下游之机，斥巨资购买了数条豪华旅游船，一举解决景区的进入问题，还引资修建了高标准的旅游酒店，兴建了新的旅游景点，神农溪景区因此获得了巨大的成功。

（三）要将理论研究水平提高到一个新的高度

理论是实践的指导，土家族饮食文化的研究受经济发展水平限制还处

于起步阶段。恩施土家族苗族自治州民委在州政府的领导下，编写了一套《恩施州民族研究丛书》。正如前州长郭大孝在该丛书的总序中所写道："随着社会主义市场经济体制的建立和民族区域自治政策、国家西部大开发政策、扶贫开发政策的落实，恩施自治州正面临千载难逢的历史性发展机遇，人们越来越对这块神秘的热土产生兴趣。这里不仅仅有丰富的自然资源，更有现代人所看重的中华民族享有盛誉的巴风土韵……重新审视自己的优势，把建设'风情恩施州'作为一个重要的方略，寻求到了现代发展观念指导下的新的发展切入点……我们对自己民族优秀的东西挖掘不够，有些优秀的东西在民间自生自灭，没有发扬光大……（丛书的编写）都与正在进行的风情走廊建设相关，也是建设风情旅游州的文化准备。这些书的价值完全可以超出它的自身，对保存、开发、创新本土文化，培植新的经济增长点都起着重要作用。"这些都显示出民族自治区政府对民族文化的研究是非常重视的。这套丛书中有一本名为《恩施风味食谱》，系统地搜集、整理了恩施地区的风味特色食品，但作者康朝坦认识到"我虽多年从事饮食行业，具备比较丰富的实践经验，但对恩施州风味饮食的文化特点缺乏必要的认识，更谈不上将其作为一种文化现象加以审视和研究，对如何开发利用恩施州风味饮食也缺乏必要的研究"。尽管如此，此书的出版仍具有开创性意义。

另外，由于种种原因，各地区在编制本地区地方志，描述当地民族风情时，往往将本地区的饮食习俗笼统地称为"土家族饮食文化"，使得各种文献对土家族饮食文化的描述不尽相同，使人们对土家族饮食文化难以比较全面、清晰的了解。今后对土家族饮食文化的研究要谋求与相关研究机构及高校的紧密结合，使研究更加深入，在更大范围、更久远的时空里推动土家族地区的经济发展。

第七章 非遗视角下的土家族饮食文化

土家族饮食非物质文化资源具有可再生性和可重复利用的经济特征，其文化的传承需要在不断利用中得以实现和满足，意味着土家族饮食非遗资源产业及产业链具有永续发展的特质和潜力，与当前的和谐发展理念具有良好的契合性。土家族人民利用秀美的自然风光、深厚的土家族文化积淀、诱人的美食和奇特的民俗发展本地旅游事业，继承和弘扬传统文化，都将取得良好的社会效益和经济效益。

第一节 土家族主要地区非物质文化遗产保护概况

一、湖北地区

湖北省非遗保护工作成绩显著，目前已建立国家、省、市、县四级名录体系，拥有人类非物质文化遗产代表作名录 4 项、国家级（保护）名录 100 项（127 个项目保护单位）、省级（保护）名录 347 项（546 个项目保护单位），国家级代表性传承人 57 人、省级代表性传承人 571 人[①]，国家级文化生态保护实验区 1 个、省级文化生态保护实验区 13 个，国家级非物质文化遗产生产性保护示范基地 5 个、省级非物质文化遗产生产性保护示范基地 19 个。

（一）恩施土家族苗族自治州

恩施土家族苗族自治州长期重视民族传统文化的保护和传承。从 2002 年开始，恩施土家族苗族自治州就在全州范围内开始了"寻访民间艺术大

---

① 董行，王郭骥.湖北启动非物质文化遗产网络传播活动［EB/OL］.（2017-09-22）.http：//news.china.com.cn/2017-09/22/content _ 41633107.htm.

师"活动。2006年3月,恩施出台了《恩施州人民政府关于加快民族文化大州建设的若干意见》,在此基础之上,州政府于2009年8月出台了《恩施土家族苗族自治州民族文化遗产保护条例实施细则》。目前,恩施土家族苗族自治州已有"肉连响"、南剧、恩施扬琴、长江峡江号子、薅草锣鼓、土家族打溜子、土家族摆手舞、灯戏、傩戏等共15个项目入选国家级保护名录,57个项目入选省级保护名录,州政府公布州级保护名录110项,各县市政府共公布县级保护名录444项(截至2016年6月)[①]。全州四级名录体系已经建立。

(二)五峰土家族自治县

五峰土家族自治县自2003年"中国民间文化遗产抢救保护工程"启动以来,先后筹集资金30多万元,抽调20多名文化干部组成工作专班,进行非物质文化遗产资源普查、收集重点项目,并完成艺人的资料整理。通过多年的艰辛努力,全县共登记民间艺人486人,民间艺种57个。收集民歌近2000首,民间器乐曲200余段,民间故事50余则,民间文学、艺种、艺人等文字资料30多万字,初步建立了非物质文化遗产资源数据库。五峰土家族自治县的非物质文化遗产项目主要有采花毛尖茶制作技艺等重点项目。

(三)长阳土家族自治县

长阳土家族自治县先后共投入财政资金100余万元,用于开展民族民间传统文化保护工作,其非物质文化遗产保护方式被专家们称为"全省非物质文化遗产保护工作做得较好的典型",被命名为"长阳模式"。2006年出台了全国首部县级"非遗"保护法规《长阳土家族自治县民族民间传统文化保护条例》,从2006年6月10日(国家第一个文化遗产日)起施行,并成立了长阳土家族自治县民族民间传统文化保护中心,使长阳的民族民间传统文化保护工作进入规范化、法制化轨道。目前,长阳土家族自治县已有"撒叶儿嗬""都镇湾故事""长阳山歌"被国务院批准列入国家级非物质文化遗产名录,"长阳南曲""长阳吹打乐""长阳花鼓子"被批准列入湖北省省级非物质文化遗产名录。长阳土家族自治县也非常重视土家族

---

① 非遗传承走近寻常百姓 [N].恩施日报,2016-06-09(10).

非物质文化的理论研究，先后承办了"20年来中国非物质文化遗产保护的理论与实践学术研讨会""湖北省首届文化生态保护区建设——资丘论坛"等重要学术会议。

二、湖南地区

目前，湖南省湘西土家族苗族自治州有"土家族打溜子"等26个代表作名录进入国家级保护名录，"苗族古老话"等84个项目进入省级保护名录，另有州级保护名录234个、县市级保护名录406个，拥有国家级传承人28人、省级传承人67人、州级传承人302人。湘西土家族苗族自治州非物质文化遗产保护中心，曾被国家文化部授予"非物质文化遗产保护工作先进集体"。为充分利用湘西土家族苗族自治州丰富的民族民间文化资源，吉首实施了"湘西非物质文化遗产园项目"，以传承、弘扬和开发利用湘西民族民间文化遗产，同时促进了文化旅游产业发展。

三、贵州地区

（一）印江土家族苗族自治县

自2005年以来，印江土家族苗族自治县开展建立地、县两级非物质文化遗产名录工作，高度重视省级、国家级非物质文化遗产名录的申报工作，认真贯彻"保护为主，抢救第一，合理利用，传承发展"的方针，在全县范围内开展非物质文化遗产的普查工作，较全面地了解和掌握了非物质文化遗产资源的种类存量、分布情况、存在环境和保护现状，系统地挖掘和抢救了一批有历史价值、濒危的非物质文化遗产种类。截至2020年9月，印江列入省级非物质文化遗产名录的有6项，土家族"过赶年"等名列其中。

（二）沿河土家族自治县

沿河土家族自治县因受巴渝文化和荆楚文化影响，形成了特有的武陵山区农耕文化和山地文化。其中，被誉为"武陵文化一朵奇葩"的土家山歌和土家族剧种之一的土家阳戏真实地反映和记录了土家族的风土人情、生产生活的各个方面，对研究土家文化具有重要的历史价值。为更好地继承和发扬优秀民族文化传统，加强对民族民间文化的抢救保护，沿河土家族自治县专门组建了申遗工作领导小组，深入挖掘整理了一批土家民族文化精品，土家阳戏、土家高腔山歌被列入贵州省省级非物质文化遗产名录。沿河土家族自治县成功申报了"中国土家山歌之乡"称号。由沿河土家族自治县组织的民族原生态歌舞《这山没得那山高》参加了"多彩贵州·桃源铜仁·为祖国喝彩"央视连线直播大型文艺演出。2009 年，"黔江·铜仁民族文化走进重庆活动周"举办推介演出活动，在省内外引起强烈反响。

四、重庆地区

（一）石柱土家族自治县

石柱土家族自治县于 2005 年启动非物质文化遗产普查工作，建立了县非物质文化遗产保护局际联席会议制度，成立了县级专家委员会，为非物质文化遗产保护工作提供了有力的组织保障和可靠的专家咨询。自 2005 年启动普查工作以来，全县参与普查的工作人员达 250 余人，调查对象达 2500 余人，共收集民间文学 39 种、传统音乐 272 项、传统舞蹈 14 项、传统戏曲 5 项、曲艺 5 项、传统杂技 2 项、传统美术 15 项、传统技艺 9 项、传统医药 11 项，以及生产商贸、消费习俗、人生礼俗、岁时节令等民俗 77 项，还有民间知识 2 项、游艺体育与竞技 8 项、其他 2 项，共计 461 个项目。"石柱土家啰儿调"于 2006 年 5 月被国务院列入首批国家级非物质文化遗产名录；2007 年 5 月，"石柱土家啰儿调""石柱土家斗锣"被重庆市政府列入首批市级非物质文化遗产名录；2008 年，石柱获得"中国民间文化艺术之乡"荣誉称号；2009 年，"男女石柱神话""玩牛""打绕棺""石柱土戏""重庆吊脚楼营造技艺"5 项被市政府列入重庆市第二批市级非物质文化遗产名录。2011 年，"吊脚楼营造技艺"成功列入国家级非物质文化遗产名录。胡德先、李高德、帅时进、谭松芳和王洪奇 5 人分别入选第一批重庆市市级代表性传承人，刘永斌、黄代书 2 人入选第二批和第三批国家级代表性传承人。

（二）酉阳土家族苗族自治县

酉阳土家族苗族自治县经过近些年的扎实工作，确立了国家级非物质文化遗产名录 3 个、市级非物质文化遗产名录 28 个、县级非物质文化遗产名录 198 个，国家级代表性传承人 4 名、市级代表性传承人 46 名、县级代表性传承人 224 名。初步建立了国家、市级、县级三级项目及传承人名录保护体系，有效地传承和保护了传统文化精髓。非物质文化遗产保护小组深入全县实施普查，共发现非物质文化遗产线索 1040 条，涉及民间传统音乐、民间传统舞蹈、民间传统戏曲等 9 个类别的非物质文化遗产。

（三）彭水苗族土家族自治县

彭水苗族土家族自治县截至 2013 年收集、整理非物质文化遗产项目 700 余项，评审确定县级非物质文化遗产名录 300 余项，开展了《彭水民歌》等 9 个项目申报市级非物质文化遗产名录的相关工作。郁山鸡豆花制作技艺、郁山特色擀酥饼工艺、土法造纸、彭水耍锣鼓等，是本地区主要的非物质文化遗产项目。

（四）秀山土家族苗族自治县

自 2005 年以来，秀山土家族苗族自治县文化部门组织专门人员，在全县范围内开展了涉及各乡镇的非物质文化遗产名录普查工作，经过多次普查和资料整理，初步完成了全县 10 个门类、32 个种类、47 个非物质文化遗产项目的文字、图片、录像、分布图等大量资料的收集、整理工作，并组织编纂了《秀山花灯》《黄杨扁担·重庆秀山花灯歌曲集》《秀山辰河戏弹腔集锦》《秀山三六福》《秀山花灯大全》等一批书籍资料。

第二节　土家族地区主要饮食非物质文化遗产简介

2005 年国务院办公厅发布的《关于加强我国非物质文化遗产保护工作的意见》明确规定要建立国家、省、市、县四级非物质文化遗产名录体系，并制定了《国家级非物质文化遗产代表作申报评定暂行办法》。截至目前，我国共公布四批国家级非物质文化遗产名录。在土家族聚居区，除湖北省颁布了五批省级非物质文化遗产名录外，湖南、贵州等其他省份目前只公布了四批。从目前来看，饮食非物质文化遗产主要集中在传统手工技艺部分。

从目录体系来看，与饮食有关的世界级非物质文化遗产项目有秭归县上报的"屈原故里端午习俗"，除了祭祀习俗之外，吃粽子、咸蛋，喝雄黄酒是其重要的民俗活动。土家族地区国家级饮食非物质文化遗产出现在绿茶制作技艺中，"恩施玉露制作技艺"是第四批国家非物质文化遗产中的传统技艺，这是目前土家族地区唯一的国家级饮食非物质文化遗产项目。

一、与饮食有关的世界级非物质文化遗产项目——屈原故里端午习俗

"屈原故里端午习俗"由湖北秭归等地申报，端午是中华民族的重要传统习俗，于每年农历五月初五举办。《荆楚岁时记》记载，自魏晋南北朝后，端午节便与纪念屈原的活动结合起来。唐元和十五年（820年），归州刺史王茂元在屈原故里秭归屈原沱建屈原祠并写下祭文，众乡亲与各色龙舟汇集于此，以此为起点，展开龙舟竞渡，从而形成了屈原故里端午民俗的鲜明特色。这种民俗在屈原故里延续至今，成为一种传统，迄今已有1000余年历史。由驱毒避邪的节令习俗衍生而来，核心主题是驱瘟、除恶、消灾、祛病，逐步发展成融祭祀、纪念、游艺、体育竞技、卫生保健等众多民间习俗为一体的重大节日。秭归地区的端午节活动十分隆重，分为三次过：五月初五小端午挂菖蒲、艾叶，饮雄黄酒；五月十五大端午龙舟竞渡；五月二十五末端午送瘟船，亲友团聚。祭奠屈原贯穿节庆活动的始终，设坛祭拜、游江招魂、龙舟竞渡、粽子寄情、乡里"闹晚"，使端午民俗过程完整、紧凑、鲜活。屈原故里端午民俗，既保留了传统端午习俗驱疫、避瘟的内容，更传承了故乡人民对屈原精神、品格的颂扬和纪念。

二、省（市）级饮食非物质文化遗产项目简介

国家级饮食"非遗"项目"恩施玉露制作技艺"和省级"非遗"项目"采花毛尖茶制作技艺""伍家台贡茶制作技艺""三峡老窖酒传统酿造技艺""石阡苔茶制作技艺"等，在第四章"知名饮品"中已经做了介绍，在这里主要介绍的是在土家族地区具有代表性的特产。省（市）级项目中，处于湖北地区的项目较多，具体如表7-1所示。

表 7-1　省（市）级饮食非物质文化遗产项目

地区	序号	项目	类别	上报单位	批次
湖北	1	恩施社节	民俗	恩施土家族苗族自治州	第一批
	2	采花毛尖茶制作技艺	传统技艺	五峰土家族自治县	第二批
	3	利川柏杨豆干制作技艺	传统技艺	利川市	第三批
	4	巴东五香豆干制作技艺	传统技艺	巴东县	第三批
	5	花坪桃片糕制作技艺	传统技艺	建始县	第三批
	6	恩施玉露制作技艺	传统技艺	恩施市	第三批
	7	伍家台贡茶制作技艺	传统技艺	宣恩县	第三批
	8	土家族牛王节	民俗	来凤县	第四批
	9	三峡老窖酒传统酿造技艺	传统技艺	巴东县	第四批
	10	凤头姜制作技艺	传统技艺	来凤县	第四批
贵州	1	土家族婚庆夜筵	民俗	岑巩县	第二批
	2	土家族过年节	民俗	印江土家族苗族自治县	第二批
	3	赶社	民俗	岑巩	第二批
	4	石阡苔茶制作技艺	传统技艺	石阡县	第四批
	5	土家熬熬茶制作技艺	传统技艺	德江县	第四批
湖南	1	土家族过赶年	民俗	永顺县	第一批
	2	古丈毛尖茶制作技艺	传统技艺	古丈县	第二批
	3	酒鬼酒酿制技艺	传统技艺	湘西土家族苗族自治州	第二批
	4	保靖松花皮蛋制作技艺	传统技艺	保靖县	第二批
	5	黄金古茶制作技艺	传统技艺	保靖县	第四批
重庆市	1	濯水绿豆粉制作技艺	传统技艺	黔江区	第二批
	2	黔江珍珠兰茶罐窨手工制作技艺	传统技艺	黔江区	第三批
	3	黔江斑鸠蛋树叶绿豆腐制作技艺	传统技艺	黔江区	第三批

续表

地区	序号	项目	类别	上报单位	批次
重庆市	4	宜居乡传统制茶技艺	传统技艺	酉阳土家族 苗族自治县	第三批
	5	彭水灰豆腐制作技艺	传统技艺	彭水苗族 土家族自治县	第三批
	6	盐运民俗	民俗	石柱土家族自治县	第三批

(一) 与饮食有关的民俗活动

1. 恩施社节

社节，也叫社日，俗称"过社"，主要流传于湖北省恩施地区，第三章"社日"部分已做了介绍。社节历史悠久，清嘉庆戊辰版《恩施县志》已有记载，距今已有200多年的历史了。

社节的主要活动由"吃社饭"与"拦社"两大部分组成，一般在立春后第五个戊日——春社日前举行。恩施社节中"吃社饭"体现了"和"的内涵，通过"吃社饭"可促进睦邻友好关系；"拦社"体现了"孝"的内涵，强化了"尊老"的传统美德。社饭原本是古人社日祭祀家神——土地神的祭品，现在演变成极具民族特色的饮食习俗，但仍保留着农耕时期的朴素遗风，如初始阶段的家族聚食，后一阶段演变为邻舍之间的相互馈赠。"拦社"是古代祖灵崇拜的结果，仪式中的花锣鼓表演沿袭了古代社日以鼓祭社的习俗，文艺表演则沿袭了古人祭社的娱神内容，这些都是构建和谐社会不可或缺的内容。

2. 土家族过赶年

"过赶年"同样在第三章"春节"中已有介绍，它既是一个祭祀祖先的节日，也是一个纪念抗倭战争历史的节日。"过赶年"是土家族人民在长期的传承发展过程中形成的独特习俗，并成了辨识土家族身份的象征之一。

3. 土家族婚庆夜筵

土家族婚庆夜筵是贵州省岑巩县境内居住的土家族人民婚嫁喜庆日中的一种文化习俗。岑巩县隶属贵州省黔东南苗族侗族自治州，地处贵州高原东部、黔东低山丘陵中部，为中亚热带到南亚热带气候型。岑巩县历史悠久，是贵州较早的开发地之一，唐、宋至清末均称为思州治地，是一个土家、苗、侗、仡佬等多民族杂居县。在古思州（今岑巩县）境内的羊桥、客楼、注溪等乡镇的农村，在婚庆日大多流传有吃夜筵的习俗，尤其是羊桥土家族乡和注溪乡的土家人最为擅长对酒歌、行酒令，以欢度良宵，直至天明。每逢婚嫁日，日落过后，便燃起烛火，大摆筵席，邀约众亲吃夜筵欢庆婚礼。散落民间的夜筵唱词脚本内容不一，丰富多彩，有的脚本通过不断的传承和修改已成为土家族民众集体智慧的结晶，人们在茶余饭后时不时会悠闲地对上几句酒歌。土家族婚庆夜筵是古思州治地传承下来的一种民间娱乐表现形式，生活气息浓郁，可操作性强，夜筵唱词不仅富有土家族独有的艺术特色，同时也是民间艺人集体智慧的结晶。文本散落民间，主要靠口头记忆传承，具有个人传承性，极具流失性，加之受经济大潮的冲击，农村青壮年大多外出打工，婚礼安排夜筵的情况已逐年减少，年迈的老年歌手因无传承人而使该民俗处于极度濒危状态。

4. 石柱盐运民俗

石柱盐运民俗是重庆市石柱土家族自治县巴盐文化的浓缩精华。西沱作为古蜀地区最西的码头，自古就是蜀盐外运的重要中转站。西沱天街依山取势，垂直于江面，是蜀盐出川的必经之路，数百年来，无数的挑盐工和盐商为这条巴盐古道留下了丰厚的盐道文化，如富有特色的盐帮美食、铿锵的盐运号子、富有神秘色彩的盐运禁忌、丰富多彩的盐运故事等。当地运用博物馆、"巴盐汉子"表演队等场所和形式对民俗文化进行展示和传承，是"巴盐古道"上一道靓丽的新风景。2011年，以"巴盐汉子"为主体的"盐运民俗"入选重庆市第三批市级非物质文化遗产名录。

5. 土家族牛王节

土家族的牛王节一般在农历四月初八（也有少数地方在农历四月十八）举行，主要流行于湖北省恩施土家族苗族自治州来凤县的高洞、旧司、大河等乡的原大旺、腊壁、东流等地，这些地方仍保留着该节日的传说和节日活动遗风。牛王节又称牛生日、牛魂节、脱轭节、开央节、牛王诞。是日，农家给牛放假一天，各家各户把牛栏修整一新。村老们对全村的牛评头论足，并告诫各家要爱护耕牛。家家蒸制五色糯米饭或乌米饭，用枇杷叶包裹后喂牛。有的地方还在堂屋摆上酒肉瓜果供品，由家长牵一头老牛绕着供品行走，边走边唱，以赞颂和酬谢牛的功德。这一天，各家各户先把牛喂饱，然后全家人才能吃节饭。有的人家采割新鲜草料饲养耕牛，有的用盐水淋湿草料喂养，还有的炮制甜酒或杂粮酒，或者在酒里敲几个鸡蛋，用竹筒喂灌耕牛。更有细心的人用篦子梳去牛虱，用茶油为其擦涂伤口，对耕牛精心护理，使耕牛保持强健的体魄和持久的精力。近些年，牛王节中的敬牛神色彩已渐淡薄，但敬牛护牛之风犹存。土家族传说是某年四月初八这天，土王带兵与敌交战失败且负了伤，被敌人追赶不止，正在无计可施时，又被一条大河挡住去路。眼看敌人将追上前来，土王心急如焚。正在这时，忽然来了头大水牛，将土王驮过河去，解了土王的性命之忧。为感谢牛的救命之恩，便把这天定为"牛王节"。每到这天，人们就杀猪宰羊打糍粑，接亲友聚会，还举行文艺活动以示庆贺。

（二）饮食传统技艺

1. 保靖松花皮蛋制作技艺

保靖松花皮蛋是湖南省湘西土家族苗族自治州保靖县的传统名产，已有200多年的生产历史。保靖松花皮蛋配料、制作工艺讲究，蛋体饱满、晶亮，有弹性，蛋内有如松枝样的银灰色图案，宛如镶嵌在翡翠里的玉花。食之口感清爽、醇香，易消化，多食不腻，具有清凉明目、平肝开胃、降血压等功效，是家常食用、宴席上的美味佳肴。保靖松花皮蛋传统手工制作技艺分布在保靖县大部分土家族聚居的乡镇以及周边邻近的永顺县、花垣县、龙山县、吉首市、古丈县。酉水从保靖县西往东蜿蜒而过，水域广阔，保靖人素有养鸭的习惯，为皮蛋的加工制作提供了充足的原料。保靖松花皮蛋的民间传统工艺制作过程包括处理鲜蛋、配制原料、配制黄泥水、裹蛋、封坛、存放等步骤，开封后即可食用。现在常用的松花皮蛋为炮制松花皮蛋，其制作工艺包括鲜蛋处理、配制料水、去渣、浸泡、配制清洗的原料、清洗、照蛋，包装好后入库出售。它因优良的品质、独特的风味及各种理化指标符合国家规定标准而数次被评为湖南省"优质产品"，驰名国内外，曾先后荣获"芙蓉杯"、"龙凤杯"、第五届亚太地区国际贸易博览会金奖等殊荣。

2. 利川柏杨豆干制作技艺

利川柏杨豆干，是湖北省恩施土家族苗族自治州利川市柏杨镇的一种地方特色风味食品，因产于利川市柏杨镇柏杨村而得名。明清以来，在利川柏杨镇一带就开始生产豆干，其中尤以柏杨沈记豆干作坊生产的豆干最为有名，并被当地官员列为朝廷贡品，深受朝廷皇族们的喜爱，康熙皇帝还给柏杨沈记豆干作坊亲笔御赐"深山奇食"金匾。柏杨豆干主要以优质地产高山大豆、龙洞湾泉水和多种天然香料为原料，经过水洗、浸泡、碾磨、过滤、滚浆、烧煮、包扎、压榨、烘烤、卤制、密封等十几道独特工序加工而成。柏杨豆干在整个制作过程中，用沈记家传秘方（从天然植物中萃取）点卤是制作的关键。柏杨豆干色泽金黄、美味悠长、绵醇厚道、质地细腻，无论食用方式是生食还是热炒，口味是五香还是麻辣，均有沁人心脾、回味无穷之感。该产品富含蛋白质、多种维生素及钙、锌、钠、硒等多种微量元素，有"固体豆浆"之美称。沈记豆干坚持传统手工工艺，产品先后荣获国家商务部中国食品安全信用品牌、绿色食品标志、恩施州十大名吃、恩施州知名商标等称号，相关生产企业被评为纳税先进企业、消费者满意企业，中央电视台曾对沈记柏杨豆干进行过多次专题报道。

3. 巴东五香豆干制作技艺

湖北省恩施土家族苗族自治州巴东五香豆干起源于清代后期。19世纪中叶，巴东县城信陵镇已成为上四川、下湖广的水陆通道，镇上开办了四五家豆干作坊，这些作坊利用当地甘洌的泉水，加适量红砂糖、八角、丁香、精盐、三赖、甘松、山荼、陈皮、生姜、小茴香、花椒、鸡肉等做配方熬成卤汁，将豆腐用方巾包扎，高压成形，卤制而成。其生产工艺十分讲究，挑选大小均匀、颗粒饱满的新鲜优质黄豆，泡料、磨浆、下膏、包扎、成形、浓缩、上色等各道工序都独辟蹊径，卤制出来的豆干颜色深黄，质细坚韧，五味俱全，食之回味无穷。既可以下火锅食用，也可切片和腊肉、青椒等一起炒制，还可以直接生吃。2014年，巴东豆干地理标志证明商标经国家工商总局商标局核准注册。巴东豆干已打造出"家富""俏巴人"等一批具有影响力的商标品牌，并在传统制作工艺的基础上开发新的豆干产品，将之分为麻辣、爆烤、泡椒、山椒、五香等多种口味，颇受市场欢迎。

4. 花坪桃片糕制作技艺

花坪桃片糕是湖北省恩施土家族苗族自治州建始县久负盛名的百年老字号产品，源于乾隆皇帝御赐浙江小吃云片糕。清嘉庆初年，浙江富商吴秉衡将制作技艺带入建始花果坪。云片糕集本地风土精华，生根开花，日益成长为风味独特的花坪桃片糕。花坪桃片糕用料讲究，精心挑选清江流域的香糯米，细心拣选景阳河特有的纸核桃，并辅以白糖、猪油、淀粉等原料，按一定的比例精制而成。花坪桃片糕手工工序极其复杂，从选料、炒制、碾磨、露制、陈化、炖制、切片，到包装上市，全部工序要三个月以上时间才能完成。吴氏后代利用花果坪得天独厚的条件，不断地改进和创新传统工艺，历经了200多年的锤炼，制作出来的花坪桃片糕色泽玉白，桃仁布于其间，糕片薄如纸，细润绵软，散开似纸牌，卷裹如锦帛，香甜可口，具有滋阴补气、润肺化痰之功效。花坪桃片糕品牌经多年的研究和探索，传统技艺不断得到改进和发展，分别申请注册了"永昌""云心"两个商标，并荣获湖北省著名商标、中国特色硒产品、中国名优硒产品、百年老字号等称号。

5. 凤头姜制作技艺

凤头姜是湖北省恩施土家族苗族自治州来凤县的著名特产，原姜扇形，姜枝肥嫩，颜色黄中带白，姜柄紫红，形如凤头，仅来凤县独有，故称"凤头姜"。《来凤县志》记载，来凤栽培凤头姜的历史已有300多年，凤头姜富含多种维生素、氨基酸、蛋白质、脂肪、胡萝卜素、姜油酮、酚、醇，以及人体必需的铁、锌、钙、硒等微量元素，具有健脾开胃、祛寒御湿、加速血液循环、延缓衰老、防癌之功效，并提取姜油酮、姜油、香精等医药化工用品。凤头姜常见的制作方法是按比例调配生姜、红辣椒、大蒜、料酒、食盐、花椒等原料，食盐用量控制在6%～8%，生姜用量不少于60%，红辣椒用量控制在20%～25%，装进特定的土（陶）坛（当地俗称"明水坛"），坛口向上，坛口四周为盛水的边沿。当坛中盛装腌制品发酵时，用坛盖罩下与坛口边沿接合，加入饮用水，隔绝空气，提供乳酸菌厌氧发酵的环境条件，又便于坛内发酵产生的气体逸出。土坛要烧制好，须釉面光滑、无裂纹、无砂眼，坛沿深处与盖子应吻合。在气温适宜的地窖内，温度控制在18～20摄氏度，让其自然发酵30天以上，须勤换水，防止生水、油污等异物进入坛内，影响品质。如今，来凤"凤头姜"实现了产业化，从生产、科研、加工到系列开发形成一条龙，涌现出来凤县凤头食品有限责任公司等专业厂家，"凤头姜"已被评定晋升为湖北省著名商标、湖北省名牌产品。

6. 土家熬熬茶制作技艺

熬熬茶又被称为油茶，它是贵州省铜仁市德江县土家族人的传统食品之一，通常只有在逢年过节或是招待贵客时才制作食用。其制作方法十分讲究，主要以茶叶、食油、芝麻、花生米、腊肉、核桃、花椒、食盐为原料，经炒制后加水细火慢熬精制而成。熬熬茶不仅清香可口、风味诱人，还能充饥解渴、醒脑提神。逢年过节，每当贵宾到来，土家人就制作熬熬茶，拿出精制的大米花、芝麻饼、泡果等盛情款待，正堂围坐，边吃边拉家常，谈古论今，别有一番风味。

7. 濯水绿豆粉制作技艺

绿豆粉是重庆市黔江区东南角濯水一带土家族的美食，自古以来被当地人称为"养生美食粉"。土家绿豆粉主要是由绿豆经精细加工制成，绿豆、黄豆、大米（黏米）搭配比例约为16%、8%、76%，搭配好的原料浸泡一天后，用石磨进行碾磨。碾磨时须注意水和原料的比例，以豆浆稀稠适度为宜。绿豆浆磨好后，就开始生火制粉。燃料以干松毛为佳，且为防止绿豆粉被烙糊，要保持文火状态。为了在起锅时使绿豆粉不粘锅，须在锅内均匀涂抹菜油，猪油亦可，然后用铝皮漏斗装上豆浆，围绕锅底一圈一圈由里向外旋转，形成小指宽、硬币厚的螺旋形粉圈，一分钟左右粉圈熟后即起锅晾在簸箕里或竹竿上。这样制作出来的绿豆粉具有色泽正、口感好、易存放、不易变质、食用方便等特点，深受当地土家苗寨群众的喜爱，是接待客人、馈赠亲友的首选纯天然特色食品。

8. 黔江珍珠兰茶罐窖手工制作技艺

珍珠兰茶，是以重庆黔江武陵云雾山区独特的富硒绿茶和名贵珠兰花为主要原料，采用传统工艺和现代技术"罐窖"而成。其产品叶嫩绿鲜润，香清雅馥郁，味鲜醇清爽，富含硒元素，汤色黄绿晶莹，是茶中的精品，饮之使人精神愉悦、心旷神怡、唇齿留香，堪称茶中一绝。相传珍珠兰茶曾为清朝皇室贡品，1736年乾隆皇帝饮用珍珠兰茶后曾亲笔书写《御咏珍珠兰茶》一诗。

9. 宜居乡传统制茶技艺

重庆市酉阳土家族苗族自治县宜居乡是著名的产茶大乡，该乡平均海拔800米，四季云雾朦胧，土壤深厚且肥沃，雨量充沛，阳光充足，空气温暖湿润，土壤 pH 值在 5～6 之间，适宜茶树生长。原料上佳，再加上经过纯天然、无污染、无任何添加的手工烘焙制作，品质非常优良。该乡生产的宜居茶一直严格使用传统手工技法，炒制的茶叶色泽嫩绿、茶条均匀、浓香持久、汤色杏绿、品质上乘，很受人们的青睐。在清代，宜居茶还是朝廷贡品。据同治《酉阳州志》记载："酉属维有之……在白衣、三会两地（今宜居），凡摘之最早的曰'雨前'、曰'毛尖'……"。"宜居双池""宜居美池茶""龙头山"等茶叶品牌先后荣获国家绿色食品质量认证书及中国食品博览会金奖。

10. 彭水灰豆腐制作技艺

彭水灰豆腐是重庆市彭水苗族土家族自治县黄家镇周边地区的传统食品，因为灰豆腐在制作过程中需用碱灰（用桐壳、南瓜藤、烟茎等烧制）和柴草灰进行鲊制和炒制，故民间取名灰豆腐。鲜豆腐含水量大，易碎易腐，难以携带，不便贮藏，只能现吃现做，加之制作过程相对复杂，使之成为只能在重大节日和重大活动中才能见到的佳肴，严重影响了豆腐在民众日常生活中的普及性。人们为改善鲜豆腐的不良性状进行了长期探索，从而在渝黔接壤的土家族聚居区产生了制作灰豆腐这门传统技艺。要确保成品香气浓、产量高、口感好，须以当地产优质新鲜早黄豆为原料，加工前要先过筛，除去原料中的尘土、杂质和残破粒。制作的关键在鲊制和炒制两个步骤，待箱中豆腐成形，水沥干后，用刀切成小块，放入碱灰或柴草灰中吸干水分，根据季节和温度变化，此过程需耗时半天至两天不等。待豆腐中的水被吸干，用手触摸发硬时放入锅内，用新鲜柴草灰一起加热翻炒，经 40～60 分钟，炒泡炒黄即成，称豆腐果。灰豆腐菜品食用方法常见有凉拌、焖烧、干炒和火（汤）锅配菜，口感柔软、细腻、风味独特。

第三节　土家族饮食非物质文化遗产现状

一、土家族饮食非物质文化遗产保护和传承的现状

（一）政府主导，成效显著

土家族各自治地方政府高度重视非物质文化遗产的保护、开发和利

用，如恩施土家族苗族自治州、湘西土家族苗族自治州都提出要建设民族文化大州。全国民族文化先进县长阳土家族自治县早在 2002 年就出台了《关于进一步加强文化工作的意见》。在政府的积极争取下，湘西土家族苗族自治州成为我国第二批 3 个全国民族民间文化遗产综合试点地区之一，是目前唯一进入综合试点的自治州。土家族地区有丰富的饮食非物质文化遗产，随着认识水平的不断提高，土家族各自治地方政府逐步认识到申报各级文化遗产名录的重要性，申报工作质量和水平稳步提高。例如，恩施土家族苗族自治州将恩施玉露作为地区"四大名片"着力打造，使其成为土家族地区目前唯一的国家级饮食非物质文化遗产；湘西土家族苗族自治州利用酒鬼酒等知名品牌，弘扬少数民族文化。各地区在实施本地非物质文化遗产保护工作的过程中，逐步确立了政府在普查、宣传、保护等诸多工作中的主导地位，有利于工作的整体推进和成果培育，成效显著。

（二）制度先行，保护和传承手段多样化

用法律的形式保护非物质文化遗产是国内外的普遍做法，法日韩等国是先行者。恩施土家族苗族自治州较早就开始了《恩施土家族苗族自治州民族文化遗产保护条例》的制定工作，2005 年 8 月 1 日起正式实施。湘西土家族苗族自治州也出台了《湘西土家族苗族自治州民族民间文化遗产保护条例》，于 2006 年 3 月 29 日湘西土家族苗族自治州第十一届人民代表大会第四次会议上通过。2011 年《中华人民共和国非物质文化遗产法》的颁发，标志着非物质文化遗产保护相关国家大法与地方行政法规体系初具雏形，法律制度逐步建立完整，是非物质文化遗产保护历程中划时代意义的大事。名录保护、传承人认定和经济补贴是常用保护手段，如恩施土家族苗族自治州的"寻访民间艺术大师"活动，以及长阳对优秀民间艺人的选拔、表彰工作，对采花毛尖制作技艺传承人的遴选，以及"寻找土家大厨"活动的开展，都有效地促进了饮食"非遗"的持续保护和发展。

（三）重视文化体验，大力发展土家"农家乐"

土家"农家乐"的核心内容是"吃土家菜、住土家屋、干农家活"。大凡土家族地区做旅游开发，土家特色肴馔、筵席是必不可少的。酉阳土家族苗族自治县在发展建设土家风情园区的过程中推出桃源土菜、秦朝瓦罐等土家特色餐饮，并规划建设县城民族特色好吃街，鼓励龚滩、龙潭古

镇积极开展"千家居""农家乐"特色餐饮服务。2010年底，恩施土家族苗族自治州宣恩县制定了彭家寨景区建设规划，规划以中国土家民俗村寨为项目定位，以彭家寨土家吊脚楼建筑群为载体，以自然山水为生态背景，以原汁原味的土家族风情文化展示、土家族生活体验为核心，以田园观光、休闲娱乐、科考教育、购物美食为补充功能的中国土家民俗村寨为项目定位。

（四）做好基础研究，支撑饮食非物质文化遗产的保护和传承

挖掘保护是非物质文化遗产研究的基础条件，开发创新也是一种保护传承土家族饮食非物质文化遗产的有效方法和途径。湖北民族大学先后推出了"土家族研究丛书""土家族语言文化研究丛书"，三峡大学、吉首大学、中南民族大学及各地民族宗教机关也都为继承和弘扬土家族饮食非物质文化遗产做出了巨大的贡献。非物质文化遗产进校园活动，在土家族各自治地区顺利进行。长阳榔坪、资丘等地学校开设了民族文化课；咸丰大路坝民族小学请当地非物质文化遗产传承人做兼职教师；来凤百福小学开设了土家语课；湖北民族学院开设了土家族历史文化选修课，等等。这些活动的开展，对恢复土家族民族文化的记忆、弘扬土家族饮食文化、发展当地旅游经济、强化对土家族非物质文化遗产的认同感，大有裨益。康朝坦《恩施风味食谱》，田发刚、谭笑《鄂西土家族传统文化概观》，姚伟钧《中国传统饮食礼俗研究》等著作的出版，对系统研究土家族饮食文化都做了有益的探讨。

（五）鼓励创新，保持土家族饮食非物质文化遗产的永久活力

对非物质文化遗产保护来说，传承与创新是相辅相成的，传承是创新的前提，创新是为了更好的传承。比如，重庆酉阳土家族苗族自治县大溪镇的豆腐做得很有特色，而在现今酒宴上也有一道比较流行的菜肴叫"酿豆腐"，是将豆腐切成三角形，将瘦肉、葱、蒜、花椒等各种佐料一起剁碎成"肉臊子"，再将三角形豆腐斜面用筷子戳一个口，将肉臊子放入，最后用菜油把豆腐煎黄，再煮熟食之。"酿"这种烹调方法在鲁菜、粤菜中较为常见，应该是当地土家人通过借鉴而创新的菜肴。另外，利用现代科技，不断培育新食材，如人工饲养的大鲵、野鸭等，也丰富了土家百姓的餐桌文化。挖掘传统文化，开发本地特色宴席，也是创新饮食文化的重

要手段，如湘西的"牛王宴"、恩施的"土司宴"等。特色菜肴、复古礼仪，正吸引着大量的外地游客。

（六）以活动为载体，综合展示特色饮食文化

为了挖掘、保护和传承土家族饮食非物质文化遗产，土家族地区举办了各种形式的文化活动，以继承和弘扬土家族优秀非物质文化遗产。2015年12月，湖北长阳土家族自治县龙舟坪镇举办了以"暖酒追冬、一品蒸肉"为主题的首届长阳土家传统美食节暨清江方山"万人年猪宴"活动，活动在极富土家风情的组合唱《薅草锣鼓》、长阳南曲《十碗八扣土家宴》中拉开序幕。以土家蒸格为主打菜的"年猪宴"令远道而来的1300余名省内外游客大快朵颐，尝到了浓浓的土家年味。年猪宴习俗，长阳土家人又称"吃血蒗子""吃蒸肉""抬格子"，旧时杀年猪还有"祭猪魂"的习俗。长阳本土的"一致魔芋""土家嫂""老巴王"等特色食品企业，在现场把清江风味鱼、土家豆瓣酱、魔芋膳食纤维等土家特色美食作为"年货"免费送给游客。年猪宴不仅展示了土家年节的特色民俗，而且还将年饭经济、产品推广、文化展示、民俗旅游等活动带动起来，形成多赢的局面。正是鉴于其良好的综合效应，该活动一直持续到现在。诸如此类的活动，还有：2010年重庆黔江举办的"魅力黔江，食全食美"旅游美食文化节；重庆云阳自2017年开始举办"名'羊'天下——三峡梯城篝火美食节"；被誉为"康养美食之乡"的重庆石柱土家族自治县，2018年举行"游康养石柱·品土家百味"美食盛会，打造以"绿色、生态、营养、美味"为主打理念的四季康养福地；五峰长乐坪镇月山村2017年成功举办首届采摘美食节；2018年湖南张家界举行了"过赶年"民俗活动，等等。这些活动的成功举办，对于弘扬土家族饮食非物质文化遗产，打造土家特色"文化名片"，起到了很好的推动作用。

非物质文化遗产从本质上说是一种民间文化，民众的文化自觉是民族文化发展的根本动力。目前，土家族自治地区的文化领域活跃着一群民间文化精英，由他（她）们参与、组织的团队，在土家族文化的建设中起到了不可替代的作用。恩施土家族苗族自治州民族民间文化保护与发展促进会会长田发刚，便是其中的代表人物之一。田发刚是土家族，退休前曾担任过建始县县长及恩施州民族宗教事务委员会副主任，退休后成为恩施州较有成就的民间文化保护工作活动家及民族文化专家，曾任恩施土家族苗

族自治州民间文艺家协会主席。自 2002 年以来，他所领导的民间文艺家协会倡导寻访民间艺术大师，为州人民政府所采纳；组织开展寻找原生态山民歌手活动，倡导创办恩施州民族文化活化传承示范村，创建民间艺术表演队，为建设民间文艺传承队伍做出了积极贡献；负责实施的"恩施州县市民间文艺集成成果再抢救工程"成果丰硕，恩施州及各个县市整理出版了"恩施州民间文化（研究）丛书"，计14套99部著作。还有曾任中共巴东县委书记的邬光才同志，1993 年 7 月退休后，被推选为巴东县老区建设促进会名誉会长。长期以来，邬光才致力于推动老区经济文化建设，非常注重民族文化的保护和传承。在笔者的田野调查中，邬光才提供了丰富的文字资料，同时对田野调查予以了指导。这些老同志，退休后依然为土家族地区的经济文化事业贡献余热，他们饱满的热情、丰富的工作经验、真挚的民族情感，为土家族地区文化的繁荣奠定了坚实的基础。还有部分有识之士，利用丰富的藏品，建立私人博物馆，主动加入"非遗"的传承和发展活动中来，如龙山彭英松私人博物馆、秀华山馆、长阳资丘田昌杰私人博物馆、王村杨氏私人博物馆等。

二、土家族饮食非物质文化遗产保护和传承的不足

（一）思想认识不足，缺乏站位高度

在土家族非物质文化遗产保护工作中，思想认识不足的现象较为严重。一方面表现为对非物质文化遗产在土家族自治地区经济社会发展中的作用认识不足。有人认为，发展经济才是硬道理，经济发展了才可能为非物质文化遗产保护和传承提供必要的经费，民族文化遗产的保护和传承可以暂时放在次要地位；甚至还有人认为，土家族非物质文化遗产有糟粕存在，与国家所提倡的发展先进文化的政策不相适宜，没必要对其进行保护；还有人认为，传统文化被主流文化所替代是必然规律，因此，对非物质文化遗产不必加以保护，任其自生自灭。认识上存在的这些问题，导致了保护传承措施不力、经费投入不足等一系列问题。

（二）土家族各地区特色饮食行业标准化程度较低

土家族各地区特色饮食行业的标准化程度较低，具体表现为：餐饮经营者的企业标准化工作意识较差，企业生产的饮食产品标准化程度较低，

饮食行业管理标准化程度较低，饮食行业技术标准较低，导致对饮食行业的管理缺乏依据，管理要求降低，产品的质量不稳定。此外，土家族地区的种植养殖产业分散程度很高，基本处于单打独斗的状态，使得产品数量有限，规格难以统一，导致其竞争力不足。

（三）创新意识不足，缺乏品牌号召力

虽然土家族非物质文化遗产项目旅游开发有资源优势，但当前的旅游开发形式单一，同质化现象严重。饮食非物质文化遗产仅仅作为民俗旅游的点缀，并没有深入挖掘其旅游价值，将其作为创新的有效路径，无论是开发的广度还是深度都有待进一步拓展。譬如，里耶镇作为龙山县比较成熟的旅游目的地，当前仍处于观光、餐饮和购物的较低层次，对历史文化韵味和民族民俗风情的开发展示不够。再如恩施地区餐饮市场非常活跃，但是能叫得上名号的企业也仅有"华龙城""帅巴人""深泉合渣馆"等几个企业，无论是知名度还是规模，与国内龙头餐饮企业相比，都还有很大的差距。如何将精湛的传统烹饪工艺和现代企业管理完美结合，同时打响自己的民族品牌，在广阔的市场经济条件下需要我们进行思考。

（四）土家族饮食文化内涵挖掘得不够

目前土家族地区饮食文化开发主要还是以品尝美味佳肴为主，开发者大多忽视了菜肴背后所蕴含的文化特质，忽视土家族千百年来积淀的深厚的饮食文化底蕴。顾客往往也只能看到菜肴表面的色、香、味、形，因此他们在享用完这些菜之后，只会对菜的美味留有一定的印象，而没有从本质上了解菜肴背后的故事。实际上，随着社会的不断发展和文明的进步，人们越来越关注菜肴能给人带来的精神享受，不满足于吃饱、吃好，而是追求吃得有品位，所以挖掘饮食背后的文化是适应市场需求的。大力挖掘过赶年、牛王节、三月三、社日等民俗文化，讲好土家族特色饮食背后的故事，才能推动土家族餐饮产业的长远发展。

（五）优质原材料匮乏，传统工艺传承难

优质食材是特色饮食产品的基础，大多数的优质食材对培育过程有较高的要求，而且往往生长周期较一般食材要长。比如，巴东牛洞的大米，口感软糯，但是生长周期长，产量低，现在已经少有种植。还有当地人青睐的土腊肉，制作腊肉的土猪，由于养殖周期较长，很多当地人不再饲

养；以前熏制腊肉，须使用天然的果木、谷壳，需要熏制一两个月，现在一些加工厂在特制的熏房中大批量封闭急熏，使得腊肉品质大不如从前。在整体急功近利的社会环境下，传统的养殖、种植和加工的技艺都会大打折扣，对传统饮食非物质文化遗产的保护和传承非常不利。

第四节　土家族饮食非物质文化遗产的传承和发展路径

非物质文化遗产的知识技能传承必须以人为载体，因此具有一定的脆弱性。对土家族饮食非物质文化遗产的产业化经营，是对土家族饮食非物质文化遗产价值的挖掘、发挥和积累，大大有利于通过经营投资形成特殊的非物质文化资本。也就是说，对土家族赖以存在和发展的特有的生活智慧、思维方式和文化意识生存方式等饮食非物质文化遗产要进行产业化经营，使之不断地传承和发展。尤其是在世界经济发展模式日新月异、民族特色文化经济越来越受到重视的今天，高度重视土家族饮食非物质文化遗产的经济价值，具有重要的现实意义。对这些土家族饮食非物质文化遗产进行开发和利用，自然会带动第三产业形成互动发展格局。产业链的形成，进而带动餐饮、观光农业、房地产、交通、机械加工等行业的发展。可见，只有将土家族饮食非物质文化遗产进行产业化经营，转化为现实文化生产力，并形成规模经济效益，才能使优秀传统文化的发展和创新保持旺盛的生命力。

一、传承和发展的主要途径

（一）利用数字化技术，全方位保护土家族饮食非物质文化遗产

非物质文化遗产数字化，是借助数字采集、存储、处理、展示、传播等数字化技术将非物质文化遗产转移、再现、复原成可共享、可再生的数字形态，并以新的视角加以解读，以新的形式加以保存，以新的需求加以利用。非物质遗产数字化是对非物质文化遗产存在方式的一种新型保护方法，这种方法可以保证非物质文化遗产以最为保真的形式保存下来，而不是仅仅停留在拍照、采访、记录、物品收藏等简单的层面上。

现代化数字信息技术应用极为广泛，可以把食物原材料的选择和培育、初加工、加热烹制及饮食民俗等一些非物质文化遗产的档案资料编辑

转化为数字化格式，保存于各种介质中。目前，土家族非物质文化遗产在数字化方面的应用，主要集中在普查工作中大量文字和音像资料的储存，以及后期整理研究工作中成果的数字化储存。大多数土家族地区在理解非物质文化遗产数字化的应用的时候，也往往局限于此。

1. 大力提高土家族非物质文化遗产数字化水平

提高土家族非物质文化遗产保护的水平，关键在于提高数字化技术水平。要树立平等的文化观，消除不平等的"游戏规则"以及歧视性的技术壁垒，逐步消弭非物质文化遗产交流和对话之间的"数字鸿沟"。在数字化保护的过程中，专业化原则贯穿始终，它能促进非物质文化遗产保护理论的丰富和完善，为政府决策提供智力支持。2010年6月12日是我国第五个文化遗产日，为体现中国非物质文化遗产的丰富性，并展示非物质文化遗产数字化保护与研究的方式及成果，突出传统文化艺术资源在信息化时代与新技术的结合与应用，中国非物质文化遗产数字化成果展在首都博物馆开幕。在展览中可以看到非物质文化遗产的数字化已有了更深入的发展。比如，纸质载体形式的典藏开始向数字媒介载体典藏发展，单纯文本的记录开始向图、文、音、像立体化记录发展，传统的舞台展示、书本传播开始向3D动画、全景全息呈现方式发展，等等。现代技术的发展，为非物质文化遗产资源的展示传播、增值利用提供了广阔的空间。非物质文化遗产与现代信息技术的结合，正在成为文化遗产的现代传播和未来传承的主要推动力量，正在带来文化遗产教育、公共文化服务、文化产业发展等一系列的革新。这些成果为土家族饮食非物质文化遗产的数字化保护展示了更广阔的发展空间，提供了新的发展思路，指明了今后发展的方向。

2. 建立数字化图书馆、博物馆

数字化图书馆、博物馆能以数字化形式对土家族饮食非物质文化遗产各方面的信息进行存储和管理，这是数字化的基本功能。互联网上的数字化展示、网络教育和研究等各种服务，是多种学科相结合的信息教育服务系统在传承土家族非物质文化遗产中的具体体现。将土家族非物质文化遗产保护工作纳入数字化图书馆、博物馆建设中，最大限度保护那些能顺应可持续发展的非物质文化遗产。运用数字化图书馆、博物馆开展爱国主义教育，可以增强土家族人民的国家认同感，升华民族情感，推动年轻一代对本民族非物质文化遗产的逐步深入了解，促进非物质文化遗产的保护和传承。四川在利用现代数字技术来弘扬本地饮食文化、保护和传承饮食非物质文化遗产上走在全国前列。全国享有盛誉的川菜博物馆、泡菜博物馆，利用多种现代科学技术，生动而全面地展示川菜制作的食材、技艺、文化内涵、名师和名店等，互动性强，成为当地知名游览场所。

（二）建设田园综合体，三产融合推动土家族饮食非物质文化遗产的开发和利用

建设田园综合体可以将饮食文化遗产以原状保存在其所属的区域及环境中，使之成为"活文化"，是保护文化生态的一种有效方式。设立文化生态保护区，是贯彻落实《国务院关于加强文化遗产保护的通知》（国发〔2005〕42 号）和《国务院办公厅关于加强我国非物质文化遗产保护工作意见》（国办发〔2005〕18 号）的精神，是加强文化遗产保护、促进文化发展与繁荣、推动生态文明与社会和谐发展的一项重要任务，是我国非物质文化遗产保护的一个创举，是培育民族精神、提高国家软实力的战略举措。

1. 活态保护与静态保护相结合

土家族非物质文化遗产是以农业农耕文明为依托的，其依附的基础在社会经济的发展中正不断消解。这种变化是历史发展的必然，同时也是持续的，在一定条件下也是缓慢的，这也正是土家族非物质文化遗产的活力源泉。提倡以活态保护为主、静态保护为辅的保护办法，是落实非物质文化遗产系统保护的重要途径。贵州省与挪威王国合作建设的梭嘎生态博物馆，是我国在实践层面上的第一座生态博物馆，为非物质文化遗产的静态保护提供了指导范例。非物质文化遗产有自己独特的文化生态，在文化生态区建设中要将原生性保护摆在首位。在具体的保护实践中，要以发展的眼光看问题。因为项目原生基础会随着时间的推移发生不同程度的变异，如果墨守成规、生搬硬套，就会使保护工作走进死胡同。文化生态保护区内的居民同样有享受现代文明成果的权利，若把土家族都搬进吊脚楼，让所有土家族姑娘都"哭嫁"，让老百姓顿顿吃腊肉、喝苞谷酒，这种做法既不现实，也没必要。

2. 以生产性保护推动保护主体发展壮大

需要是催生非物质文化遗产的主要动因，丰富的土家族非物质文化遗产从各个层面、各个角度满足土家族民众的生产、生活和精神需求。生产

性保护通过生产把需要进行合理转化，也就是在生产过程中合理使用非物质文化遗产，比如相关的传统知识、技艺、技能及文化空间，并在生产过程中实现非物质文化遗产的传承。生产性保护，既能为传承主体提供一定的经济收入，同时也能创造非物质文化遗产的文化生态，增强非物质文化遗产自身的生命活力。土家族饮食文化的发展和兴盛，就是因为在生产中既满足了当地人日常及节庆的饮食生活，同时又吸引了游客，也创造了经济价值。

（三）以节会活动促进保护

土家族各自治地区节会活动丰富多彩，有相当深厚的群众基础，政府部门做了良好的组织和引导工作。2004年，湘西土家族苗族自治州成功举办了民族民间文化艺术生态保护节，充分展示了湘西州非物质文化遗产的艺术魅力；保靖大型原生态文化活动"走进酉水"、吉首的"四月八"、恩施的"女儿会"、龙山土家族"舍巴日"等，充分展示了土家族优秀的非物质文化遗产。这些民族民间文化节会与活动的成功举办，对土家族非物质文化遗产的保护产生了良好的宣传作用。

地方旅游特色食品的开发是办好节会活动的关键。土家族非物质文化遗产中的饮食传统手工技艺和习俗，为土家族特色旅游产品的开发和创新提供了良好的物质和文化资源。如酉阳土家族苗族自治县在发展旅游事业的过程中，大力开发民俗文化旅游产品，结合苦荞酒、土家织锦、藤编等旅游商品的开发，打造生态民俗旅游文化创意产业，使之与旅游产业互为辉映。华中师范大学张春丽的硕士毕业论文《非物质文化遗产旅游开发探讨——以湖北长阳土家族自治县为例》指出，长阳土家族非物质文化遗产具有"种类齐全，形式多样；历史悠久，内涵独特；文化丰富，级别较高；分布集中，保存完整"等特点，建议在开发中借鉴相关学科理论及兄弟民族成功经验，将非物质文化遗产开发与物质文化开发紧密结合起来，改善本地交通，因地制宜地寻求适合本区域的开发模式。吉首大学陈廷亮教授《湘西少数民族非物质文化遗产开发利用的可行性与基本模式分析》一文中就湘西少数民族非物质文化遗产中的口头文化遗产、表演艺术文化遗产、传统手工技艺文化遗产、民俗文化遗产、饮食文化遗产及医药文化遗产开发的可行性进行了论证，强调非物质文化遗产开发没有统一模式，并针对性地提出了各自相应的开发模式的建议。

二、开发的主要对策

(一) 加快对专业人才的培育与引进

1. 非物质文化遗产专业研究人员的引进

从各个土家族自治地区的非物质文化遗产保护机构的情况来看，非物质文化遗产的专业研究人员严重不足。大多数保护中心往往是文化行政机构"一个班子，两块牌子"，有工作任务的时候临时组建班子，即使有独立机构，人员配备及专业能力也比较有限。龙山县政协委员会在其《关于龙山县非物质文化遗产保护和传承工作情况的视察报告》中提道："我县非物质文化遗产保护中心有工作人员 5 人，面对繁重的工作任务，他们感到力量太弱，有些力不从心，疲于应付。非物质文化遗产保护是一项专业性较强的工作，其工作内容涉及民俗学、社会学、宗教学、人类学等多学科，无疑是对非物质文化遗产工作者综合素质的一种考验。我县的非物质文化遗产保护中心的人员，是成立初期从文化部门内部调剂使用的，对非物质文化遗产保护工作还处在"学中干、干中学"的时期，显然与非物质文化遗产保护工作的专业性要求有很大差距，更谈不上进行有价值的学术研究。"笔者在巴东县非物质文化遗产保护中心调查调研的过程中，也了解到类似的问题情况。实践证明，只要是设立了专门的研究机构，并配备了专业研究人员的地区，其非物质文化遗产的保护与开发工作就做得比较好，而且人员的专业素质直接决定着本地非物质文化遗产保护与开发的层次。非物质文化遗产保护和开发工作今后的一大重点就是要引进一批懂专业、有干劲、对土家族文化有深厚感情的学者专家，使土家族非物质文化遗产的开发工作更加科学、更加深入。

2. 文化创意人才的引进

文化产品在相当程度上依赖创新和创意，原创力具有极其重要的作用。在传统手工制作技艺、传统文艺之中加入创意元素，或是在文化遗产的推介方面引入创意思路，对于土家族非物质文化的开发都是很有必要的。当然，文化创意人才是核心，加强对土家族本土设计人才的培养是行之有效的手段。本土民众对本土文化感情深厚，同时对本族文化有更深入的理解，培育本土文化人才，对提高本民族民众文化素质、推进本民族文化发展大有裨益。

3．加强非物质文化遗产品牌建设

树立土家族民族品牌，是当下土家族饮食非物质文化遗产开发的关键和难点。利用土家族非物质文化遗产中可供开发的项目，通过整合资源、政府引导、企业打造、媒体协助，将其培育为具有地域标志作用的著名餐饮品牌，成为旅游地吸引力的重要构成因素。此外，在产品的文化内涵、广告营销、形象设计及注册商标等方面，融入土家族特有文化元素，将品牌所蕴含的土家族特色文化有效传播出去。

4．打造饮食非物质文化遗产传承和发展的全产业链

以土家族非物质文化遗产产业开发为核心，协调民族文艺演出、乡村旅游、民间工艺品制造、节庆会展相关旅游产业的发展，实现产业链的不断延伸。

（二）以科研保发展

非物质文化遗产开发是一个敏感的话题，部分比较极端的学者甚至认为，为保护非物质文化遗产的"原真性"，根本就不能对非物质文化遗产谈开发的问题。土家族非物质文化遗产在开发的过程中也出现了如前所述的种种问题，但是无论从非物质文化遗产的自身发展规律的角度来说，还是从顺应时代潮流的角度来说，非物质文化遗产的开发势在必行。目前的关键是如何处理好保护和开发的关系，理论研究首当其列。近些年，各地区在理论研究和创新方面也逐渐有所建树。

（三）加大农餐、农超对接，拓展土家饮食非物质文化遗产产品链

在生产实践中才能真正实现对饮食非物质文化遗产的保护与传承。生产性保护可增强饮食类非物质文化遗产的"自我造血"功能。生产性保护有利于产生经济效益和社会效益，将农民生产出来的优质原材料，通过传统工艺加工成产品提供给餐饮企业、超市，直接转化成经济效益。巴东的五香豆干、恩施的豆皮、来凤的凤头姜等已经走向市场化。其中湖北凤头食品有限责任公司的"凤头"牌凤头姜采用老师傅纯手工的传统工艺，外加科学的保鲜技术，制作出的凤头姜色泽红润、质感清脆、鲜辣爽口。这种生产模式很好地保护了凤头姜的制作技艺，使这一项饮食非物质文化遗

产得以传承。在饮食非物质文化遗产生产性保护模式上，以苕酥为例，既有家庭的传统制作，也有"三峡苕酥"等工业化生产，并取得了很高的销量。生产性保护不等于简单的产业化，对非物质文化遗产开发利用的前提是尊重。传统手工艺产品不应靠数量、规模取胜，而应该小批量生产，走高精尖的市场路线，用精湛的手工艺、高品质的原料，并融入精神内涵，从而增加手工艺品的文化附加值。

总之，土家族非物质文化遗产的保护与开发利用应该是相辅相成的一个整体。离开了保护谈开发，开发就成了无源之水、无本之木；谈开发色变，保护就失去了时代价值。对土家族饮食非物质文化遗产资源适度、合理地开发利用，既可以提供资金支持，"反哺"文化遗产的保护，又可以丰富当地旅游资源，扩大文化影响力，实现土家族饮食非物质文化遗产的抢救、保护、开发、利用的多方共赢。

第八章　文化人类学视野下的土家族饮食文化研究

本书研究的是文化人类学视野下的"土家族饮食文化",之所以首先讨论文化人类学与饮食文化的关系是基于以下考虑:首先,文化人类学的研究范围极广,内容极为丰富,难以与土家族饮食文化直接发生关系;其次,民族饮食文化是饮食文化的组成部分,而土家族饮食文化又是中华民族饮食文化中的一朵奇葩,具有研究的代表性;最后,土家族饮食文化同时又是世界饮食文化中的有机组成部分,与文化人类学研究过程中涉及的其他民族饮食文化具有某些共通性。

第一节　用文化人类学研究土家族饮食文化的可行性

一、土家族饮食文化研究与文化人类学研究的共通性

(一) 用文化人类学理论研究饮食文化可丰富中国饮食文化研究内容

在中国社会人类学的发展过程中,引入了大量的西方理论研究成果,并在此基础之上初步形成了具有中国特色的文化人类学体系。进化论学派、功能主义学派、结构主义学派等诸多西方著名学派都曾经对中国的文化人类学研究产生过重大影响,其中许多理论成果到今天仍有重要的现实意义。我们试图用文化人类学中的某些理论来研究中国饮食文化,相信这种视角能为中国饮食文化的研究提供一条新的思路。下面以文化功能论的部分理论为例进行简要说明。

文化功能论是 20 世纪 20 年代英国出现的功能学派的基本理论,其重要的代表人物之一就是马凌诺斯基 (B. K. Malinowski,1884—1942)。20世纪 30 年代中期,该学派在著名学者,同时也是中国人类学创始人之一

的吴文藻先生的大力倡导下传入中国，并在之后的整个人类学发展过程中产生了深远影响。文化功能论认为："文化基本上是一种当作手段的器具，人类在用它来满足需要的过程中，和用它来对付他们所面临的具体问题时，使自己处于有利的地位……人类在谋取食物、燃料、盖房、缝制衣服等以满足基本需要时，便为自己创造了一个新的、第二性的、派生的环境，这个环境就是文化。"① 这种需求理论得到学术界的普遍认可。中国古代先哲曾云："饥思食，渴思饮。"又曰："今人之性，饥而欲饱，寒而欲暖，劳而欲休，此人之情性也。"② 甚至说道："食色，性也。"充分肯定饮食需求对人类生活的重要作用。但是我们也可从中看出，中国的传统儒家思想把饮食活动当成一种完全的被动需求，而不是主动的使自己处于有利的地位，在饮食文化上不能"创造一个新的、第二性的、派生的环境"，因而这种文化是缺乏生命力的。这种观念曾使中国菜肴长期走不出单纯追求"味"，以及饮食品种单一、缺乏创新的桎梏，从这一点也可窥见中国饮食业在世界饮食业中"叫好不叫座"的缘由。

文化功能论还认为，文化是一个有机的整体，每个部分都以其独特的功能发生着作用。注意饮食文化事项中的功能作用，对全面理解饮食文化很有好处。譬如通常人们认为正月十五元宵节吃元宵是因为"元"通"圆"，象征家人团团圆圆，实际上这种解释并不能反映其本来的功能。元宵外形光滑圆润，象征明月可以说恰如其分。正月十五是新年的第一个月圆之夜，用元宵祭祀月神则是一个非常合理的解释，因而正月十五吃元宵是典型的日月崇拜。

用文化功能论来解释饮食文化中的要素，很容易抓住文化的本质内容，还原饮食文化现象的本来面目，这同样也是整个文化人类学理论的重要特点。在饮食文化研究的过程中，适度关注文化人类学，并借鉴文化人类学中比较成熟的研究方法，吸取其中的理论精华加以利用，中国饮食文化研究一定会更上一层楼。

（二）文化人类学的产生、发展与饮食文化密切相关

文化人类学的创立时间并不长（第一次在公开刊物上出现文化人类学

---

① 马凌诺斯基. 文化论［M］. 费孝通，译. 北京：华夏出版社，2002.
② 荀子［M］. 南京：南京大学出版社，2014.

的概念是在 1901 年），但它的发展非常迅速。著名的人类学家童恩正先生这样描述文化人类学："（它）是从文化的角度研究人类的科学……就是从物质生产、社会结构、人群组织、风俗习惯、宗教信仰等各个方面，研究整个人类文化的起源、成长、变迁和进化的过程，并且比较各民族、各部族、各国家、各地区、各社团的文化的相同之点和相异之点，借以发现文化的普遍性以及个别的文化模式，从而总结出社会发展的一般规律和特殊规律。"[①] 与饮食文化相比，文化人类学研究的视野更为广阔，偏向于从整体上把握事物，即使深入地研究某一具体事项也是间接或直接为某一理论服务。但是饮食文化无疑是文化人类学的重要研究对象，无论是分析社会结构还是风俗习惯等，都与饮食文化密切相关。深入研究饮食文化，对于推动文化人类学的更进一步发展是很有好处的。同样，用文化人类学的研究方法及理论来改变中国比较落后的饮食文化研究状况，值得做有益的尝试。

纵观人类学的发展历程，我们可以知道文化人类学的研究与饮食文化的研究是紧密结合在一起的。人类学的开创者之一摩尔根（L. H. Morgan，1818—1881）在他的《古代社会》一书中将人类社会划分为七个阶段，即低级蒙昧社会、中级蒙昧社会、高级蒙昧社会、低级野蛮社会、中级野蛮社会、高级野蛮社会和文明社会。他把生产技术和生产工具的发明作为划分社会阶段的标志，认为中级蒙昧社会始于鱼类食物和用火知识的获得；高级蒙昧社会始于弓箭的发明；低级野蛮社会始于制陶术的发明；中级野蛮社会，东半球始于动物的饲养，西半球始于用灌溉法种植玉蜀黍等植物，以及使用土坯和石头来从事建筑；高级野蛮社会始于冶铁术的发明和铁器的使用。若用饮食文化研究的观点来看，其划分的标准多为食物原料的发现和饮食器具的发明。虽然摩尔根的人类发展阶段的划分受到了许多后来的人类学家的质疑，但他这种分阶段划分的方法和划分的标志选择标准为人类学的研究做出了有益的尝试。后来新进化论的代表人物怀特（L. A. White，1900—1975）认为衡量进化阶段的尺度应以每人每年所利用的能量总量来确定，并解释道，技术与工艺的进步是进化的根本原因，而技术和工艺就是利用能量来为人类服务，因此，能量因素是测量所有文

---

① 童恩正. 文化人类学 [M]. 上海：上海人民出版社，1989.

化进化阶段的尺度。现代能量的种类、消耗方式非常之多，最基本的当属饮食消费，它提供人体维持生命的必要能源，饮食生活的丰富及科学化同样也是人类进步的重要标志。显然，怀特的划分尺度受到了摩尔根的启发。

功能主义代表马凌诺斯基在他的《文化论》中论及"一物的形式决定于其基本及衍生的性质"观点时也通过饮食作为例证——"用来直接满足人体需要的物品，或所谓用来消费，用过后就得毁灭的东西，一定须合于直接人体需要所规定的条件。譬如食料，它们一定须有养料，可以消化，及没有毒质的，它们当然也受环境及文化水准的决定。"[①] 用饮食生活为例往往直白，让人信服。巫术研究是文化人类学的重要课题，进化论学派的又一代表人物弗雷泽（James George Frazer，1854—1941）对巫术做了深入研究，不论是接触巫术还是比拟巫术，都与人们的饮食生活密切相关。法国社会学派列维·布留尔（Lucien Levy-Bruhl，1857—1939）所著的《原始思维》在论述互渗律时，深入地剖析了原始人的狩猎和捕鱼行为。"在这里，成功（狩猎和捕鱼）决定于若干客观条件：某个地方是否有野物或鱼类，为了在接近它们时不至于把它们惊走而采取的必要的预防措施，圈套和陷阱设置的地方是否合适，使用什么投射工具，等等。"[②]

当前，国内人类学研究也比较注重对饮食文化的探讨。第一届人类学高级论坛的诸多理论成果中就有由中国台湾地区的佛光大学龚鹏程教授所著的《饮食文明的宗教伦理冲突》，全文分为禁食与不禁食、禁什么食、荤素之争、伦理冲突、戒杀放生、圣物秽净、求同存异等七大部分。[③] 全文以小见大，从人类生活的一小方面——各宗教的饮食方式来分析国际政治经济之间产生冲突的深刻宗教文化因素。

（三）文化人类学的理论品质与饮食文化研究的特点

文化人类学从 20 世纪初进入中国以来走过的历程与现代中国饮食文化研究极为相似。中华人民共和国成立前是其萌芽期，20 世纪五六十年代迅猛发展，"文化大革命"期间是其停滞期，20 世纪 80 年代至今，进入了

---

① 马凌诺斯基.文化论［M］.费孝通，译.北京：华夏出版社，2002.
② 列维·布留尔.原始思维［M］.丁由，译.北京：商务印书馆，1995.
③ 徐杰舜，周建新.人类学与当代中国社会［M］.哈尔滨：黑龙江人民出版社，2003.

新的发展时期。但有所不同的是，文化人类学的研究在前辈先驱者的努力下，已经初步形成了具有中国特色的民族学体系。而饮食文化研究的各个方面虽然都有了一定进步，但我们应该承认离建立完整的饮食文化体系还有很长的一段路要走。从这一方面来说，借鉴文化人类学的研究方法对中国饮食文化研究来说有它的现实意义。

从人类学诞生的那一天开始，重视实证、理论联系实际的品质就成了其精髓。摩尔根的理论之所以受到马克思和恩格斯的重视，其唯物主义和实证主义的观念不可忽略。而功能主义大师马凌诺斯基倡导的田野调查法，现在已成文化人类学的基本研究方法。现代文化人类学的研究注重现实意义，旨在解决有关人类生活的各种弊端，为人类的健康发展探索各种理论方法。可以这样说，文化人类学的研究既注重理论与实践的结合，又立足现实，注重对历史的研究和未来的探索。

而这一部分内容经常被饮食文化研究者所忽视。饮食文化学者程云认为：“谈论中国饮食文化的根源，可以举出三片天地：一是宫廷饮食，二是各大菜系，三是民间生活……目前，研究饮食文化的文章、书籍多把眼睛盯在前两片天地中，更为丰富多彩的民间饮食被忽略了。其实，从白山黑水到海角天涯，从蓬莱到天山，从汉族到数十个少数民族，民间美食像永不凋谢的繁花，把中国饮食文化装扮得分外艳丽。而且，民间饮食的主流是崇尚‘吃’德，崇尚节俭，既保持着淳朴的意蕴，又善于创新，它们才是中国饮食文化之根。”人民大众是人类文化的创造者，民间饮食理所当然是中国烹饪乃至饮食文化发展的力量之源，因此程云称民间饮食是中国饮食文化之根是很有道理的。忽视民间饮食，研究中国饮食文化就成了无本之木、无源之水。民间饮食既包括民间菜肴、特殊烹饪原料，又包括民间烹饪技艺，当然还包括富有民族和地方特色的风俗习惯及其他精神层面相关的内容。这是我们在以后的饮食文化研究中需要注意的重要方面。

文化人类学还很重视对历史的研究。进化学派和文化传播学派对古人类的历史研究非常重视。中国上下五千年的悠久历史，同时也是一部举世无双的中华民族饮食史，中国有关饮食保健、养生哲学、烹调心得、菜品欣赏等著作汗牛充栋。从古人的文化遗产中汲取养分，进一步丰富、发展中国饮食文化是很有必要的。这一方面在前面有关饮食文化史的论述中可知是做得比较成功的。

综上所述，文化人类学的研究与饮食文化研究有密切的联系，用文化人类学的理论、方法研究饮食文化是切实可行的，而且也是行之有效的。

二、文化人类学是指导土家族饮食文化研究的重要理论方法

以上论述了文化人类学与饮食文化研究的关系，那么土家族饮食文化能否以文化人类学作为理论指导呢？

（一）土家族饮食文化是中华民族饮食文化的重要组成部分

土家族是我国少数民族中唯一一个人口过百万，且不跨国界，身处祖国腹地的少数民族，因此，少数民族文化特色似乎没有地处边陲的跨国少数民族鲜明，与土家族民族文化相关的文化人类学词汇也以"涵化""文化变迁""文化融合"等为主。通过最近几年的发掘，以及张家界、凤凰古城、长阳、石柱等土家族聚居区旅游事业的迅猛发展，人们惊奇地发现，在中国的中心地带还有这样一个生存环境优美、民族特色鲜明的少数民族。土家族饮食文化是土家族鲜明民族特色的重要表现，来土家族地区旅游的客人都会对土家族的"油茶汤""炕土豆""辣椒鲊"等风味食品回味良久，因此土家族饮食文化在中华民族饮食文化中占有非常重要的地位。既然文化人类学能指导整体饮食文化研究，由此推及饮食文化的个体——土家族饮食文化的研究范畴，文化人类学也必然是重要的理论指导。

（二）具有文化边缘性特征的少数民族历来是文化人类学研究的重要对象

文化人类学在创立后相当长的一段时间里，都把具有文化边缘性的少数民族作为重要研究对象，这在文化进化理论、文化传播论及文化功能论中表现得非常突出。19世纪美国著名的进化论人类学家摩尔根的人类学巨著《古代社会》就是在自己对印第安人深入了解的基础上写成的（摩尔根曾被印第安人塞纳卡部族正式接纳入族并成为鹰氏族的义子）。文化功能论的代表人物马凌诺斯基的理论成果在很大程度上也得益于其在太平洋特罗布里恩德群岛的田野调查工作。中国早期文化人类学的研究受文化功能论的影响较大，非常重视我国少数民族的研究，并出版了中央民族学院研

究部编的《西藏社会概况》、费孝通的《佤族社会概况》、李志纯的《景颇族情况》等一大批优秀文化人类学著作。

现代文化人类学重视对现实问题进行探讨，对欠发达民族地区给予了同样关注的目光。如经济人类学在研究经济类型的时候，认为工业经济是当今世界占有主要地位的经济形式，是重要的研究对象，但农业畜牧经济、采集狩猎经济同样不可忽视，后者是各国少数民族（绝大多数少数民族，特别是中国的少数民族大多处于欠发达的民族地区）的主要经济形式。生态人类学是经济人类学的重要分支，中国人民对生态问题日益重视，大多数人都意识到人类破坏性的资源开发已经威胁到自身的生存发展，因此，生态人类学成为人类学家关注的重要内容。少数民族地区由于受传统文化的影响，如对原始树林、大山古树等的崇拜，对祖先遗物的珍视，等等，也对当地地理文化生态起到了很好的保护作用，这些内容都值得文化人类学者去研究。

所以，不论是文化人类学的创立阶段，还是发展阶段，处于文化边缘的少数民族历来是文化人类学研究的重要对象。土家族是我国人口众多的少数民族之一，受地理环境及历史因素影响，整体经济长期处于比较落后的状况，受汉族文化影响较大，本民族文化边缘性特征也比较明显。随着土家族民众文化水平的逐渐提高，加之有识之士的心血倾注，土家族正受到越来越多的文化人类学者的关注。土家族饮食文化是人们接触最多、感受最为直接、特色最为鲜明的土家族民族文化，土家族饮食文化的研究开发对土家族地区的经济发展起着巨大的推动作用，对其进行深入系统的研究非常必要。

第二节　功能主义视角下的土家族饮食文化

土家族饮食文化源远流长，民族特色鲜明，成为土家族灿烂的民族文化的重要组成部分。土家族饮食文化在现实生活中所发挥的物质与精神功能不断增强，特别是随着旅游业的发展，土家族饮食文化资源作为一种重要的旅游资源在旅游业中的地位和作用越来越突出，而且由于旅游业的带动，土家族饮食民俗得到不断的发掘和开发，渐渐成为民俗旅游的主要发展方向之一。

一、土家族饮食是土家族人民生存繁衍的基础

古人云："民以食为天。"土家族亦然。土家族传统饮食虽形式粗犷，以粗粮为主（现在主食多以米面为主），但是品种丰富，足以提供人体必需的六大营养素。根据科学研究，土家族日常饮食结构是一种值得研究的健康饮食模式。传统的土家族饮食结构中，主食以粗粮为主，细粮为辅；菜肴以本地时令蔬菜、熏腊制品为主，杂以米面零食的模式。由于受封闭地理环境及传统习俗的影响，熏腊制品是土家族地区肉食及部分素食的主要食材。众所周知，熏腊制品中苯丙芘的含量较高，苯丙芘是一种强致癌物质。为什么长期食用熏腊制品，土家人民患癌症的概率并不比其他地区高，而且平均寿命与全国其他地区水平差不多呢？这与土家族传统的饮食结构是有很大关系的。土家族传统日常饮食中，甘薯名列抗癌食品第一位，玉米中的亚油酸能有效地控制心血管疾病的发病率，土豆、甘薯以及本地各种蔬菜中所含有的粗纤维能促进新陈代谢，清除体内毒素，特别是土家族山区经常能采摘的可食用蘑菇所含有的核苷酸能大大降低肿瘤细胞的滋生繁殖。因此，土家族饮食不仅维持了土家族人民的生活，而且还是他们保持健康体魄、旺盛精力、聪明才智的重要基础。

二、土家族饮食民俗是土家族民族文化的重要组成部分

土家族是中华民族大家庭中的重要成员，其悠久的历史和奇特的文化，渗透于民族生产生活的方方面面。人们把土家族文化按照广义的文化定义分为物质文化、制度文化和精神文化。土家族饮食文化是一种以物质文化——饮食生产为基础，包括饮食习俗、禁忌、信仰、饮食制度在内的综合文化体系。土家族饮食文化以其直观性、鲜明性、可参与性等特点，成为土家族民族文化中不可缺少的重要组成部分。

三、土家族饮食文化是一种优秀的民俗旅游资源

在旅游地带，如果没有饮食业相伴随是不可想象的。在旅游中，人们在欣赏自然美景与人文胜地时，优雅的饮食环境、丰富而具有特色的食品

与饮品，显然是重要的选择内容。[①] 要吸引广大游客前往游览观光，不仅要有秀丽的自然风光、绚丽的历史文化古迹，而且还要有独具特色的风味饮食。我国各地的饮食习俗不同，形成了各具特色的风味饮食，这些风味饮食可谓百花齐放、各具千秋。旅游期间，能在游玩之余品尝当地的风味，领略当地的饮食风情，别有一番情趣。对风味饮食的大力宣传，能吸引更多的游客，进一步推动当地旅游事业的发展，增强旅游的魅力。到民族地区旅游，一定要品尝当地民族风味食品的观念已经被人们所认同。百福司的油茶汤、凤凰的酸萝卜、齐岳山的酸枣等让人回味无穷。可以说，没有饮食业的发展和推动，旅游业是无法生存与发展的。判断一种民俗旅游资源是否值得开发，可以从以下几个方面来看。[②]

（一）珍稀度

珍稀度是指民俗旅游资源在世界范围内存在的价值水平，包括绝无仅有的、罕见的、珍贵的民俗事象。具体来说是由于世界各民族所处地理位置千差万别、所属人种各不相同、所受熏染的文化背景各有千秋，因而形成了绚烂多彩的民族文化。据前所述，土家族饮食文化的形成受到族源、山地地理环境、历史文化背景、历代政府制定的少数民族政策等影响，形成的过赶年、吃社饭、喝油茶等饮食习俗，或本族独有，或具体细节与其他民族有所差别，对外来游客具有强烈的吸引力。

（二）古悠度

古悠度指在一定的地域范围内民俗旅游资源形成的历史年代情况。民俗是历史的产物，在不同时代，民俗有不同的时代特点，反映着相异的时代面貌。民俗的起源时间越早，古悠度就越高，特色层次也越多，其旅游价值自然就越高，旅游开发的成功率也就越高。土家族饮食文化是伴随着土家族的形成、发展而逐渐丰富起来的。古代巴人是土家族的重要族源之一，其历史传说最早文献记载见于《山海经·海内经》，称"巴人"，殷代甲骨文亦有"巴方"之称，据考约在今汉水上游一带。后世《世本》《后汉书》《华阳国志》也有关于巴人廪君蛮和板楯蛮的记载。自两汉至隋唐五代，古代巴人诸蛮进入活跃期，也是今土家族初步形成和其文化特点逐

---

①　赵荣光. 中国饮食文化研究［M］. 香港：东方美食出版社，2003.
②　巴兆祥. 中国民俗旅游［M］. 福州：福建人民出版社，1999.

175

步突出的时期。宋元明清时期，是土家族民族共同体初步形成后的稳定发展时期，也是土家族民族文化得以进一步发展的时期。[①] 特别是在此时期，形成了我国少数民族特有的政治制度——土司制度，该制度对土家族文化有着深远的影响。土家族土司头人的穷奢极欲在一定程度上促进了饮食文化的发展，使土家族菜肴也有了官府菜与民间菜的分化，有了一定的饮食制度，对饮食习俗也有不小的影响。故而可以说土家族是个历史悠久的民族，土家族饮食文化的成长与发展是与整个中华民族文化基本同步的。

（三）奇特度

奇特度是由于地域条件和社会环境、历史传统差异而形成的民俗旅游资源的差别程度。旅游心理学中指出，距离产生差异，差异形成吸引力。民俗旅游者出游的重要动机就是因为好奇、求新，也就是说，民俗旅游资源中"唯我独有"或"你有我优"的特色常常打动旅游者。土家族主要聚居在黔东北、川东、湘西、鄂西等地，属我国大陆中南地区，身处汉民族包围之中，长时期以来既受汉民族文化影响，又保持了自己的独特性。土家族饮食文化与边疆少数民族相比，奇特度不足，但地理优势弥补了这种劣势，可以使旅游者在最短的时间内体味到异族饮食文化。

（四）密集度

密集度指在一定的地域范围内不同民俗旅游资源或不同地域的民俗旅游资源的集中程度。一般来讲，民俗无处不有，在同一地域，同类民俗不存在疏密问题，但不同种类的民俗旅游资源有规模上的差异。在不同的区域，因自然资源等多方面的原因，民俗旅游资源的密集程度之差异就更不用说了。密集度中的"最"型资源，构成了一系列的景观极值，其开发的可行性比一般民俗旅游资源大得多。由于土家族分布地域较广，即使在土家族地区内部的不同区域，其民风民俗就有很大的不同。就饮食风味而言，川东、鄂西受川菜影响较大，湘西受湘菜影响甚巨，而黔东北从口味上讲又比较偏重酸辣，能在一个民族地区享用到风味如此众多的美食，实在难得。

（五）完整度

完整度是指民俗旅游资源的保存完好程度。民俗有两个重要特点：传

---

① 彭英明.土家族文化通志新编［M］.北京：民族出版社，2001.

承性和变异性。民俗作为群体的模式化行为一旦形成，便具有很强的稳定性，相沿成习。然而，民俗无不是历史的产物，时代的变化，社会环境也会产生变化。传承与变异构成了民俗的对立统一体。民俗旅游资源的完整度就取决于民俗的传承性，民俗传承越久，其完整度越高，保存越完整，特色越鲜明，旅游价值越高。土家族是个果敢、尚武，富有爱国主义高尚品质的民族。嘉靖三十四年（1555年）四月，总督浙直地方的张经，率领湖广保靖、永顺土兵，在嘉兴府秀水县的王江泾镇大败倭寇，斩敌二千。"自有倭寇以来，此为战功第一。"① 为纪念先辈此次抗倭大捷，土家族人民会在最重要的节日——春节期间举行一定的仪式（见第三章第四节"春节"部分所述）。虽事隔数百年，如今国泰民安，人们依然在用这种朴素的仪式缅怀先人们不畏强敌、保家卫国的高风亮节，教育后人要居安思危，怀有忧患意识，珍惜现在的美好生活。将这种民俗活动再现出来，不仅可以使旅游者了解到土家族特殊的节日习俗，还可使其接受更多的爱国主义教育。此类土家族民俗还有很多，如哭嫁、迎亲、摆手堂聚会等，都是可供开发的优秀民俗旅游资源。

（六）观赏度

观赏度又称美观度，指民俗旅游资源的美感程度。旅游者出游的重要心态就是要观赏景物的美。民俗旅游资源有"物化"和"活化"两大类，无论是其形态特征、结构、环境，还是色彩、工艺以及文化内涵，无不是美的体现，无不给旅游者以各种美的享受。美观度是民俗旅游资源最基本的价值构成因素。例如，"四道茶点"是鄂西地区鹤峰土家族的传统饮食习俗。四道茶点可谓"土家茶道"，茶香与风俗之美结合，极具表演性和感染力。第一道茶是茶之上品——容美茶。第二道茶为泡儿茶。泡儿茶是土家人待客的一种土产食品，它是将上等的糯米先用水浸泡一至两天，将其蒸熟，用簸箕摊凉阴干后，再把干阴米与油沙一起放在锅里用旺火爆炒，筛去油沙即成泡儿。客人至时，用适量泡儿拌以红糖或白糖，冲上沸水即成"泡儿茶"。吃"泡儿茶"还富有浓郁的民族情趣，饮用时用筷不用勺，用单筷不用双筷，每个茶碗上只放有一根竹筷。以茶代酒，作为接风洗尘之礼仪。第三道茶为"油茶汤"。第四道茶为"鸡蛋茶"，是鹤峰土

---

① 朱绍侯，张海鹏，齐涛. 中国古代史［M］. 福州：福建人民出版社，2004.

家族专门用来招待尊长贵宾的一种特别礼俗。按鹤峰土家族民俗，客人一定要把一碗鸡蛋茶吃完，才能象征生活圆满甜蜜。吃完后，茶碗不能空着，客人应放入一些钱币（多少不限）在里面，以作答谢，故称"答谢钱"。鹤峰土家人的四道茶既是传统的美味佳饮，也是特殊的民族礼俗。淳朴好客的土家人，常按民俗规定和客人身份亲疏决定奉献几道茶。若逢贵宾尊长，四道茶齐上，还常有美丽活泼的土家姑娘在每道茶之间隙为宾客献上以茶为主题的动人歌舞，使迎宾礼乐达到高潮。[①] 日本的茶道讲究的是"和""敬""清""寂"，而土家族的茶道则朴质大方、热情洋溢、载歌载舞，别有一番情趣。

（七）愉悦度

旅游心理学认为，娱乐是一种重要的旅游动机。旅游者企望通过旅游活动，暂时离开尘世的喧嚣，摆脱现实的烦恼，消除身心的疲惫，获得欣喜愉悦。一般来说，旅游资源让游客得到的愉快感越强，其特色越显著，旅游吸引力就越大。中国民俗充斥着娱乐内容，极具愉悦性。例如前述的"咂酒"即土家族先民一种古老的习俗，伴随此俗的是蛮歌、俚曲、巴歌、楚舞，为古代长阳、鹤峰、巴东等地的百姓所崇尚。它之所以引起文人墨客的兴趣，除了它饮酒方式奇特之外，还在于伴随饮酒习俗的"蹲蹲之舞"和"坎坎歌声"，因而咂酒的饮用形式可以开发成旅游者亲自参与的旅游项目。[②] 品土家佳酿，吟巴歌，跳楚舞，让旅游者陶醉在浓浓的异域文化里，是一种非凡的精神享受。

（八）组合度

开发可以是单一资源的开发，也可以是多项资源的开发。从效益上讲，多项开发具有规模效应，而单项开发虽也能形成景观，但缺乏呼应，难以达到理想效果。这里所说的组合度既指各类民俗旅游资源的组合，又指民俗旅游资源同其他旅游资源的组合。它强调的不仅是数量，更重要的是组合的质量，即协调与和谐程度。土家族民俗除了独具特色的饮食民俗之外，婚俗（如哭嫁）、葬俗（如跳撒叶儿嗬）、服饰民俗（如土家织锦）、居住民俗（如吊脚楼）等与其他各族风俗大异，极具旅游吸引力。此外，

---

① 颜其香.中国少数民族饮食文化荟萃［M］.北京：商务印书馆，2001.
② 颜其香.中国少数民族饮食文化荟萃［M］.北京：商务印书馆，2001.

土家族地区风景秀丽，文化遗迹众多，既有国际旅游景点神农溪，惊险刺激的清江闯滩漂流，仿佛置身北方大草原的齐岳山跑马场等，又有保存完好的古代城池——凤凰古城，规模宏大的土司皇城，还有早期人类"长阳人"及"建始人"等的遗址，可以说在土家族地区处处有景，处处有俗。湘西凤凰古城旅游景点的成功开发，就是有机结合了雄伟的古城建筑、优美的自然环境、浓郁的民族风情、独特的土家族饮食文化等旅游资源。①

（九）饱和度

饱和度又称旅游容量、旅游承载力，指在一定时空界限内，使游客的最低游览要求和资源环境的最低保护要求得到实现的能力。它主要包括民俗旅游资源地的客容量，即允许多少游客进入为佳，以及要建多少设施才能满足游客的需要。土家族地区旅游开发时间较晚，受地理环境及国家政策等影响，发展进度也较慢，配套设施建设滞后，使得土家族地区旅游开发水平较低，最近几年无法达到市场饱和度。而且饮食文化资源的开发极不平衡，大多数饮食文化尚未开发出来，理论研究还处在起步阶段，待挖掘潜力无穷。

（十）可进入程度

影响民俗旅游资源开发的因素很多，可进入程度也是评定其价值的重要方面，其指标为气候条件的好坏，交通便捷与否，安全保障如何，距中心城市的远近等。可进入程度好，则民俗旅游资源的附加价值就高，开发的可能性较大。反之，即使民俗旅游资源的观赏价值很高，游客也会裹足不前。② 从总体上来说，土家族地区属亚热带季风湿润性气候，温暖多雨，水热同期，夏无酷暑，冬无严寒，雨量丰沛，四季温和，年平均气温在12～17摄氏度，年降水量为1100～1600毫米，无霜期为190～280天，适宜旅游活动的开展。③ 随着枝万铁路及沪蓉高速公路的修建贯通，土家族北部地区可进入性问题有望得到解决。另外土家族地区属我国中心地带，为交通要津，古今西南地区出入之要道。随着交通条件的改善，土家族地

①　中山时子.中国饮食文化 ［M］.徐建新，译.北京：中国社会科学出版社，1992.

②　苏文才，孙文昌.旅游资源学 ［M］.北京：高等教育出版社，1998.

③　邓辉.土家族区域的考古文化 ［M］.北京：中央民族大学出版社，1999.

区的区位优势必将凸显出来。

以上十条标准互相联系，构成了土家族饮食旅游资源较为完整的评价体系。通过以上分析可知，土家族饮食文化是一种优秀的旅游资源，具有巨大的开发潜力。在今后的一段时间里，要更加注重旅游基础设施建设，努力挖掘土家族饮食文化，搞好宣传工作，才能真正地推动土家族地区旅游业的发展，有力地促进土家族地区经济的发展。

四、挖掘土家族饮食资源是土家族人民摆脱贫穷落后面貌的重要途径之一

要改变土家族地区贫穷落后的面貌，从挖掘饮食文化资源角度来看，可以从宣传绿色食品、健康食品入手。随着工业文明的发展，食品卫生安全问题日益突显，人民越来越重视绿色健康食品。受经济发展水平影响，土家族地区工矿企业数量较少。如今政府为了保护环境，实现可持续发展战略，对工矿企业的审批极为严格。加之土家族地区植被土壤富含微量元素，使之成为全国为数不多的绿色食品基地。

土家族地区围绕绿色食品大力发展，已经初显效益。下面是湖北省五峰与长阳两个土家族自治县关于绿色农业所取得的成绩：经国家和省有关部门组织专家综合评估认证，到 2019 年，五峰土家族自治县的农特产品中，无公害食品达到 100%，绿色食品占 63%，有机食品达到 15%。绿色品牌使五峰山货身价倍增，在五峰茶叶被认定为达到国际标准的有机茶后，每公斤价格由几十元上升到数百元；五峰土豆被认定为绿色食品后，其加工制品在国际市场每吨价格高达 2000 美元。

五峰地区交通闭塞，外地客商请不进，工业项目引不来，但其山高林茂、相对封闭的自然环境却形成了生产绿色食品的独特优势。地方政府竭力彰显这一独特优势，全力实施绿色治贫方略。五峰土家族自治县强制性推行 50 多种农特产品达到国际、国家绿色生产标准，清除 43 种高毒、高残留农药和 3 种影响农产品质量的化肥，同时推行生物防治和农家肥并强化检测，杜绝不合格农产品进入流通领域。为保证绿色标准生产的稳定性，五峰土家族自治县激活民间资本，建起网罗全县 70%农户的龙头企业 300 多家。长峡公司使全县 20 万亩玉米实现了无公害化生产；五东薯业公司使全县马铃薯成为绿色食品；采花、天麻、坤芳等六大茶叶龙头使五峰

成为全国无公害茶叶示范基地县；新桥公司使全县绿色蔬菜面积达到6万亩，天葱、天蒜通过了国际绿色认证。现在，五峰的省级以上无公害、绿色和有机认证的农产品达到50多种。这些品牌在国内外市场畅销无阻，为五峰加速治贫致富铺平了道路。在高山蔬菜结构的调整上，全县紧紧围绕"无公害""反季节""精细特"的发展思路，调整优化品种结构，提高蔬菜品质，并充分利用国家"A级绿色食品证书"和"中国名牌产品"认证，不断拓展市场，提高效益。长阳土家族自治县的高山蔬菜产品经冷藏、加工、包装、保鲜处理后畅销国内30多个大中城市（包括香港和台湾），并有部分转口到新加坡、泰国等国家。同时，全县积极调整中低山蔬菜种植结构，实行保护地与露地栽培相结合，发展城郊蔬菜，出口创汇蔬菜。

恩施土家族苗族自治州作为举世闻名的硒都，硒元素的储量居世界前列。硒是联合国卫生组织确定的人体必需的营养元素之一，人的血液内亚硒酸含量偏低将导致心血管疾病和肿瘤的滋生。恩施地区绝大多数食品均属于富硒食品，如何将其市场化，将潜在的经济资源转化为现实的经济利益，是个亟待解决的问题。恩施地区一些企业做了一些尝试，但总体上富硒产品的生产还处于起步晚、产品质量不高和科技含量低的阶段。我国富硒产品市场广阔，恩施地区硒资源丰富，应该采取切实措施将东部的资金引入恩施地区生产富硒产品或者扶植西部现有的相关生产企业，以促进富硒产品市场健康发展和当地经济的发展。总之，打好绿色食品、健康食品牌，不仅有利于当地经济收入的增加，生活水平的提高，还能为当地特色旅游的发展提供优质健康的饮食资源。

五、土家族饮食文化具有独特的文化控制功能

（一）培养良好的行为规范

土家族有一句俗话说："坐要有坐相，站要有站相。"若是长辈看到晚辈或者小孩子在吃饭的时候懒懒散散、漫不经心，甚至是把饭菜弄得到处都是，必会严词训斥，一方面是要让小孩知道不能浪费粮食，另一方面是要告诫下一代，若连吃饭都没有一点规矩，长大之后也不会有什么出息。吃饭的习惯似乎与长大以后的成材与否没有直接的关系，但是土家族人民相信"不依规矩，不成方圆"，欲成大器必先从人们的日常生活做起，吃

饭的规矩犹为重要。当土家族人民在烧火做饭时，若是小孩子帮忙添柴加火，家长会一再强调："人要真心，火要空心。"火要空心的道理很简单——可以加大空气中氧气的进入量，使燃烧更为充分。土家族人民善于把做人做事的道理蕴含在生活的一点一滴中，为培养下一代良好的行为习惯起到了潜移默化的作用。

（二）不违农时，促进生产

土家族是以农业为主的少数民族，农业作物的收成对土家族人民来说至关重要，所以土家族人民长期以来就养成了不违农时的良好耕作习惯。正如土家族谚语所说："赶季节种宝，过季节种草。""八月无闲人，闲人是苕人。"与农忙、农闲相对应的是，土家族人民的日常饮食时间安排也发生了变化，一日三餐简化为一日两餐。由于田地较远，为节约时间，土家族人民一般是清早上山，中午进食干粮或由家庭主妇送餐，只有晚上才能吃上热腾腾而且较为丰盛的饭菜。这种变化是适应忙种忙收的紧张生活节奏的。不违农时才仅仅做到了第一步，那么如何做到促进生产呢？土家族人民从小就被告知，要想吃到精米细面就必须选好种、勤除草、多施肥、防虫害等，要多向会种田的老农请教，勤劳才能致富。长时间的耳闻目染，不违农时、促进生产的观念被深深印在土家族人民的脑海里。

（三）促人上进，力争上游

土家族饮食习俗中有一些比较有趣的禁忌，如小孩和未上学的儿童忌吃鸡爪，认为吃了以后写的字会像鸡寻觅食物时把地刨得乱七八糟的样子；小孩忌吃猪尾巴，认为吃了以后一辈子落后。这些说法固然荒诞，但这些象形延伸出的古老禁忌却直接影响着土家人的思维模式，从另外一个角度反映出人们不甘落后、力争上游的信念。

六、土家族饮食文化是土家族传统美德的生动表现

（一）热情好客，尊老爱幼

对于土家族的热情好客，笔者有切身体会。除了本身是土家族，从小的家庭教育如此之外，在一次田野调查中笔者深有感触。2003年7月，笔者到巴东县沿渡河对明末农民起义将领刘体纯在巴东的活动情况进行调

研。经过近 5 个小时的长途跋涉，调查小组一行 3 人均疲惫不堪。这时，我们看见了一户农家。主人非常繁忙，全家老小都在忙着挑烟叶，准备烤烟叶。我们知道烟叶是恩施土家族地区重要的经济作物，是土家族人民重要的收入来源，烤烟的成色如何将直接影响到经济收入。因此我们只是向主人讨了一点水喝，准备稍事休息之后继续上路。令人感动的是，当主人家听说我们已经走了 5 个多小时的路程之后，停下手中的活，给我们煮鸡蛋、炸土豆片，还拿出多样小吃。待我们饱餐之后，还满含歉意地对我们说："实在是烤烟太忙了，不然应该做点山里的土货让你们品尝一下。"调查小组一行人大为感动。彭英明教授在《土家族文化通志新编》中介绍道："土家族是一个好客的民族，在平时，只要你到土家山寨，不管认识还是不认识，土家人都会热情款待。"同治《来凤县志·风俗志》载："邑中风气，乡村厚于城市。过客不裹粮，投宿寻饭无不应者。入山愈深，其俗愈厚。发逆之乱，避其地者，让居推食，不德色于君子。所以观于乡，而知王道之易易也。"

土家族人们在进食的过程中，特别是年节等宴会上，讲究席位的排列。一般以神龛之左为大，其右为小。要先请长辈、年长者入座。菜肴要先让长辈品尝。如果自己饮酒完毕要吃饭，要向同席的人表明："你们慢慢喝，我吃饭陪！"进食完毕，要双手握筷，欠身起来，声称："您们慢用！"待同席的人说"散坐，散坐"方才离席。另外，传统的重阳节已逐渐转变为尊老的节日，每逢重阳节，后辈都要向老人问安，请前辈吃饭，让老人过一个愉快的节日。平日，邻家的老人、小孩若因故缺个照应，自家在吃饭时都会毫不吝惜地邀请他们一起，亲如一家。这种睦邻友好、尊老爱幼的风气如今最为难能可贵。

（二）崇宗敬祖，爱国重义

农历三月清明节是土家族祭祖、敬奉鬼神的节日。清明扫墓的祭品在农村多为"茅馅儿粑粑"，是一种俗名叫茅馅的野菜嫩芽捣烂后和糯米粉掺和做成的食品。另外还有赶堆子的食俗。清明这天，扫墓的人要挑一担食品，食品装在四方盒子里，盒子分为九层格，装的是凉菜，扫墓人一边吃凉菜，一边喝酒。如果这时附近来了一位熟人，无论如何也得应邀入席，同进野餐，这就是赶堆子。土家人民是希望通过祭拜、野餐的形式缅怀先人们艰苦创业的精神，保佑家族可以兴旺发达。

如前所述，关于过赶年的由来，无论是大败客王说，还是东南抗倭说，都是对祖先英勇善战、抵御外侮大无畏精神的追忆。在土家族部分地区，人民吃年饭之前持吹火筒、扁担"巡哨"，背上猎枪"摸营"，还有那摆在桌上重约半斤的坨坨肉，都生动地再现了当年的情形。这些习俗中所蕴含的居安思危、时刻保持警惕的意味，具有一定的现实意义。

（三）团结协作，艰苦朴素

土家族人民历来具有团结互助的传统，譬如农忙时，大家互助帮工，齐心协力；遇到红白喜事时，也总是有钱的出钱，有力的出力。以前大家经济条件都比较差的时候，连婚丧宴席都是你家一斤米、我家一斤肉凑出来的，这种互助形式在经济不发达时期可以解决很多实际问题。土家族节日的一些食俗强化了大家互相协作的精神。农历的五月初五端午节，土家族跟汉族一样要包粽子，相互馈赠盐蛋等食品。相比而言，土家族包粽子的场景更加热烈，一般都是男女老少齐上阵，包的包，扎的扎，煮的煮，尔后将腌好的盐蛋、煮好的粽子赠给邻里四舍，甚至遇到过路的老老小小都会毫不犹豫地送上一份。

中国农业的精耕细作，农民的辛勤耕耘，为举世所公认。这一方面是中华民族艰苦奋斗的传统美德所影响的，同时也是中国人口众多的实际情况所决定的。土家族地区虽然物种丰富，但土地较为贫瘠，粮食产量不高。土家族人民在长期的生活中养成了艰苦朴素的良好品质。过去土家族人民只有逢年过节的时候才能吃上一点肉，平时则以甘薯、玉米、马铃薯为主食，炒点青菜，就点腌菜，就是一餐饭，生活非常艰苦。然而土家族人民苦中作乐，对未来充满希望。如今，人们的生活水平提高了，米面成了主食，各种肉食、蔬菜走入了寻常百姓家，但是土家族人民没有因此而改变艰苦奋斗的精神，相反他们节衣缩食，把大量的资金用于对子女的教育培养上。在田野调查过程中，笔者发现如今土家族人民虽然大部分已经摆脱了贫穷的面貌，但是普通的土家族人民在生活中依然保持了朴素的传统，忌浪费，耻奢华。有几次调查小组在农家做客时，主人非常好客，不断地把好菜夹到我们碗里，生怕我们没吃饱，但我们却发现主人自己总是吃着素菜和一些摆在旁边的剩菜，这些让我们非常不安，也非常感动。

七、土家族饮食民俗让人们在文化震撼中获得精神愉悦

饮食民俗是民族文化中最为活跃的元素，是民族饮食文化的形象化表现，是最能吸引旅游者、留给旅游者印象最深的文化要素之一。对旅游者来说，饮食民俗活动的参与性最强，异族文化给旅游者的味觉、嗅觉、听觉、触觉刺激，以及视觉冲击、文化震撼最为强烈。饮食民俗活动不仅能使旅游者心情舒畅，而且可以使旅游者在吃吃喝喝、玩玩闹闹中轻松了解民族知识，丰富自己的人生经历。

主要参考文献

［1］赵荣光，谢定源．饮食文化概论［M］．北京：中国轻工业出版社，2006.

［2］王仁湘．饮食与中国文化［M］．北京：人民出版社，1993.

［3］赵荣光．中国饮食文化研究［M］．香港：东方美食出版社，2003.

［4］中山时子．中国饮食文化［M］．徐建新，译．北京：中国社会科学出版社，1992.

［5］彭英明．土家族文化通志新编［M］．北京：民族出版社，2001.

［6］段超．土家族文化史［M］．北京：民族出版社，2000.

［7］颜其香．中国少数民族饮食文化荟萃［M］．北京：商务印书馆，2001.

［8］陈光新．春华秋实——陈光新教授烹饪论文集［G］．武汉：武汉测绘科技大学出版社，1999.

［9］巴兆祥．中国民俗旅游［M］．福州：福建人民出版社，1999.

［10］宋蜀华，陈克进．中国民族概论［M］．北京：中央民族大学出版社，2001.

［11］司马云杰．文化社会学［M］．北京：中国社会科学出版社，2001.

［12］杨昌鑫．土家族风俗志［M］．北京：中央民族学院出版社，1989.

［13］邓辉．土家族区域的考古文化［M］．北京：中央民族大学出版社，1999.

［14］湖北省统计局．湖北统计年鉴2003［M］．北京：中国统计出版社，2003.

［15］李志伟，彭淑清，陈祥军．中国风物特产与饮食［M］．北京：旅游教育出版社，2003.

［16］胡朴安．中华风俗志［M］．上海：上海文艺出版社，1988．

［17］马勇，李玺．旅游规划与开发［M］．北京：高等教育出版社，2002．

［18］苏文才，孙文昌．旅游资源学［M］．北京：高等教育出版社，1998．

［19］康朝坦．恩施风味食谱［M］．北京：国际文化出版公司，2001．

［20］朱绍侯，张海鹏，齐涛．中国古代史［M］．福州：福建人民出版社，2004．

［21］恩施州民族宗教事务委员会．恩施土家族苗族自治州民族志［M］．北京：民族出版社，2003．

［22］徐杰舜，周建新．人类学与当代中国社会［M］．哈尔滨：黑龙江人民出版社，2003．

［23］鄂西土家族苗族自治州文联．古今鄂西州［M］．湖北省宣恩县国营印刷厂，1986．

［24］华英杰，吴英敏，余和祥．中华膳海［M］．哈尔滨：哈尔滨出版社，1998．

［25］姚伟钧．中国传统饮食礼俗研究［M］．武汉：华中师范大学出版社，1999．

［26］马凌诺斯基．文化论［M］．费孝通，译．北京：华夏出版社，2002．

［27］列维·布留尔．原始思维［M］．丁由，译．北京：商务印书馆，1995．

［28］田敏．土家族土司兴亡史［M］．北京：民族出版社，2000．

［29］薛理勇．食俗趣话［M］．上海：上海科学技术文献出版社，2003．

［30］保继刚．旅游规划案例［M］．广州：广东旅游出版社，2003．

［31］朱炳祥．社会人类学［M］．武汉：武汉大学出版社，2004．

［32］艾尔弗雷德·哈登．人类学史［M］．廖泗友，译．济南：山东人民出版社，1988．

［33］陶立璠．民俗学概论［M］．北京：中央民族学院出版社，1987．

后 记

　　土家族饮食文化研究也非常契合湖北省大力发展楚菜产业战略。湖北省人民政府办公厅 2018 年颁发了《关于推动楚菜创新发展的意见》,强调要加强楚菜文化研究,"进一步凝练楚菜文化特色,丰富楚菜文化内涵,传承楚菜文化精神,增强楚菜文化创造力,推进楚菜文化与时代特色相结合,不断提升楚菜文化魅力。……积极促进楚菜非物质文化遗产的保护和传承,楚菜产业布局与地域文化相结合,重点加强鄂中南淡水鱼虾饮食文化及养生饮食文化、鄂西南土家饮食文化……的建设。"通过本书的论述,我们认识到土家族饮食文化是中国少数民族文化的重要组成部分。随着土家族地区经济的繁荣,旅游事业的蓬勃发展,土家族饮食文化所转化出来的现实生产力正逐步受到人们的关注。我国古代饮食文化受儒家思想的影响,被认为是一种"俗文化",不值得去重视、研究,因而过去的饮食文化研究没有科学的理论指导,不成体系。文化人类学以其与饮食文化天然的联系,注重实践,密切联系实际的理论品质,使之能够成为饮食文化研究的重要理论指导,这一点在文中得到了论证。土家族饮食文化的内容极为丰富,包括食生产、食生活,以及有关的制度、精神文化等因素,饮食产品特色鲜明,饮食习俗极富吸引力。从文化人类学的角度看,土家族饮食义化具有许多功能,是土家族生存繁衍的基础,也是重要的土家族民俗旅游资源。饮食民俗是土家族民俗文化的重要组成部分,具有独特的社会控制功能和丰富的文化象征意义等,这些功能的分析体现了饮食文化开发的价值。土家族文化开发要遵守可持续发展的规律,开发的途径可分为:大力培育开发绿色食品;寻求政策支持;采用现代化的加工工艺;突出民族特色等。部分途径、方法已经通过其他民族或者少数土家族地区饮食文化的开发得到了验证,另外一部分是根据其功能提出来的开发建议。考虑到饮食文化开发及其旅游开发的大方向,笔者认为生态旅游的开发是饮食文化开发的重要途径之一，并对此提出了具体的开发设想。楚菜的创新和产业化是湖北省的重要方略，土家族饮食文化研究也是楚菜研究的重要组成部分，本书将为湖北楚菜振兴战略做出一定的理论贡献。笔者充分相信土家族饮食文化开发的前景是非常光明的，但目前理论研究还很不充分，特别是田野调查的广度和深度不够，各地区饮食文化的横向比较研究工作也还很不充分，这些都是以后土家族饮食文化研究的重点。

本书为汉语国际推广中华饮食文化培训基地、楚菜研究院文化理论研究系列成果之一。受学识所限，文中浅薄之处敬请大家指正。但身为土家族的一分子，为表自己为家乡经济建设做贡献的殷殷之情，且作抛砖引玉之举，希望以后有更多的人参与到土家族文化研究的行列中来，有更多的佳作面世。